了子孙后代的幸
福，大家都要爱护我
们的地球家园。

李振声
二〇二一年元旦

李振声，原中国科学院副院长，中国科学院院士，国家最高科学技术奖获得者

作 者 简 介

龚子同 1931 年生，江苏海门人。1954 年毕业于浙江大学农学院，早年留学苏联沃龙涅什大学。中国科学院南京土壤研究所研究员，著有《中国土壤系统分类》（1999 年）、《土壤发生与系统分类》（2007 年）、《中国土壤地理》（2014 年）、《寂静的土壤》（2015 年）等 10 余部学术专著和科普书籍。长期担任 WRB 指导委员会委员。获国家自然科学奖二等奖 3 次，获国家科学技术进步奖二等奖 1 次。

张甘霖 1966 年生，湖北通山人。1987 年毕业于华中农业大学，1993 年在中国科学院南京土壤研究所获得博士学位。中国科学院南京土壤研究所研究员，从事土壤发生分类、土壤地球化学、土壤地理等研究。主编《中国土系志》丛书，著有《寂静的土壤》等科普书籍。曾任国际土壤科学联合会土壤发生委员会主席等职务。发表论文 300 多篇，获国家自然科学奖二等奖 1 次，省部级成果奖 5 次。

张 楚 1993 年生，云南昆明人。2018 年硕士毕业于四川农业大学，2019 年进入中国科学院南京土壤研究所攻读博士。主要从事土壤发生分类、土壤地球化学和地球关键带研究。参与编著《中国土系志·四川卷》和修订《寂静的土壤》，曾任"土壤时空"公众号执行主编，发表多篇土壤科普文章。获中国科学院大学"三好学生"称号。

杨顺华 1990 年生，湖南永州人。中国科学院大学与英国阿伯丁大学联合培养博士，中国科学院南京土壤研究所特别研究助理。主要从事地球关键带和数字土壤制图研究。参与翻译《耕作革命：让土壤焕发生机》和修订《寂静的土壤》，发表科研和科普文章 20 余篇。获博士生国家奖学金、中国科学院网络科普联盟"科普启明星"等奖项。

中国科学院科普专项资助

土壤：地球的皮肤
Soil: the Earth's Living Skin

——从邮文化讲述土壤学的故事

龚子同　张甘霖　张　楚　杨顺华　著

伊犁草原　　宁夏塞北江南　　兴安林海　　长白山高山苔原

西北荒漠　　盘锦红海滩

珠穆朗玛峰　　兴化垛田

兴义万峰林　　武夷山高山草甸

龙胜梯田　　海南五指山　　三沙七连屿　　霞浦滩涂

科学出版社
北京

内 容 简 介

本书将土壤学知识、邮票文化和珍贵信件有机结合，是一本图文并茂的科普读物，兼具阅读价值和收藏价值。

本书共分三个部分：第一部分讲述土壤发生与演变。包括土壤从地球皮肤到星际探索，土壤是生命之源，以及土壤的前世今生。第二部分阐述保护土壤就是保护人类自身的生存这一内在的人地关系。第三部分强调合作共赢的理念，包括与世界各国以土会友，探秘影响全球变化的极地土壤和领略永照后人的大家风范。

本书适合不同类型的读者：对于广大学生，不仅能培养邮票审美的情趣，还能潜移默化地加深对我们脚下土壤的认识；对于广大土壤学工作者，包括农业、环境、生态和地球科学工作者，不仅可提升其对这份事业的热爱，也能让其进一步感受到社会对土壤学价值的认同。

审图号：GS（2021）6257 号

图书在版编目（CIP）数据

土壤：地球的皮肤：从邮文化讲述土壤学的故事/龚子同等著. —北京：科学出版社，2021.12
　ISBN 978-7-03-070278-4

Ⅰ. ①土…　Ⅱ. ①龚…　Ⅲ. ①土壤学–普及读物　Ⅳ. ①S15-49

中国版本图书馆 CIP 数据核字（2021）第 220048 号

责任编辑：周　丹/责任校对：杨聪敏
责任印制：师艳茹/封面设计：许　瑞

科 学 出 版 社 出版
北京东黄城根北街 16 号
邮政编码：100717
http://www.sciencep.com

北京九天鸿程印刷有限责任公司 印刷
科学出版社发行　各地新华书店经销

＊

2021 年 12 月第 一 版　开本：787×1092　1/16
2021 年 12 月第一次印刷　印张：20 1/4
字数：480 000

定价：169.00 元

序 言 ◀

　　从太空遥望地球，透过大气层能够看到陆地表面所覆盖的土壤。随着航天科学与技术的发展，人们开始以全景的视角和地球系统的观点来认识土壤。

　　早在唐代，先贤们就把土壤称为"地皮"（曹寅和彭定求，1986）；20 世纪 60 年代苏联土壤学者 B. M. 弗里特仑（Фридланд，1965）称土壤为"土被"（Почвенный покров）；1967 年创刊的国际土壤学会刊物 *Geoderma*，是由希腊语"Geo"（地球）和"Derma"（皮肤）两词组成；20 世纪 80 年代新西兰土壤学家称土壤是"活的地幔"（living mantle）。不管是"土被"或"地皮"，土壤之于地球，有如细胞膜之于细胞，皮肤之于躯体，具有无可替代的功能。现今，土壤是地球的皮肤这一论点已成世人的共识，反映了土壤在地球系统中的重要性。皮之不存，毛将焉附？"如果没有这一薄薄的表层，地球将与其他星球一样，几乎毫无生命的痕迹。"（出自 W. R. Gardner 在 1992 年出版的 *Opportunties in basic soil science research* 一书的序）这也是本书命名的由来。

　　本书主要内容分三部分：

　　第一部分讲述土壤的发生与演变。包括土壤从地球的皮肤到星际探索，土壤是生命之源，以及土壤的前世今生。土壤充满生机。我们所看到的土壤是时间极长、范围极广、相对静止的地球历史的瞬息，是地形、母质、气候、生物和年龄诸成土因素的函数。著名科学家和画家列奥纳多·达·芬奇在 15 世纪就曾指出："我们对土壤的了解远不及对浩瀚的天体运动了解得多。"但为何至今我们脚下的土壤默默无语常被忽视，甚至遭到恣意毁坏？

第二部分阐述保护土壤就是保护人类自身的生存这一内在的人地关系。农耕社会人类敬畏土壤，依靠土壤，利用土壤，享受土壤，最后回归土壤，人土相依，反映了土壤与人的血肉联系和乡土情结。诗人、文学家凭其艺术嗅觉，感受土壤的大美，讴歌大地母亲，林语堂说"与草木为友，与土壤相亲"，巴金说"愿化作泥土"。他们把对土壤的深情抒发得淋漓尽致！土壤母亲朴实无华，胸怀宽广，她如此慷慨，只要耕耘就会有收获。土壤母亲既受人尊重，也受到许多委屈：荒漠化、水土流失和盐渍化的阴霾重重，又受工业化"三废"侵害。她像所有母亲一样，千万年来默默奉献，不求回报，她唯一的希望是祈求地球生命的永恒。

第三部分强调合作共赢的理念，包括与世界各国以土会友，探秘影响全球变化的极地土壤和领略永照后人的大家风范。这可能是一个反思和反省的时刻。历史召唤我们团结国内外土壤学家，协同作战共同发展，在农业、生态和环境等领域建立人类命运共同体，造福人类。

本书主要以邮票为载体，辅以照片或图画，图文并茂地讲述土壤学的故事。自从1840 年第一枚邮票诞生至今，其原始的通信功能已经弱化，而其所伴生的文化价值却历久弥新。每逢重大时间节点，各国都会发行邮票纪念重要事件和人物，例如探月计划嫦娥系列纪念邮票、纪念著名科学家的邮票等。精美的邮票不仅有纪念意义，还有很高的艺术价值，覆盖全球的土壤见证了历史的变迁和文明的演进。人们已经注意到邮票中蕴藏着丰富的土壤学知识。土壤学是重视交流的学科，土壤学家曾用邮票传递科学的火种，大量土壤学的知识也得以通过邮票启迪大众。这里有鲜活的土壤学知识，也有科学家的家国情怀。让我们通过邮文化感受土壤之美，拥抱土壤人的世界，感受土壤养育的万紫千红的生命世界！

龚子同

2021 年 6 月

目 录 ◀

5 以土会友，合作共赢 ……………………………………………… 118

7 大家风范 永照后人 ·· 257

Contents

7　The demeanor of a great scientist inspiring later generations ········· 257

Contents

xix

1 土壤
——从地球皮肤到星际探索

　　土壤是覆盖于地球表面的一层疏松的物质。土壤之于地球，如同皮肤之于人体。以前很多人认为只有地球才有土壤，但随着科学技术的进步，我们不仅能对其他星球进行观测，还能够直接登陆其他星球进行探索，终于发现浩瀚宇宙中有许多星球表面也覆盖着一层类似地球土壤的疏松物质。土壤的内涵和外延随着我们认识的发展也在不断地更新。可以说，土壤不只是地球的皮肤，也是很多固态星体表层的疏松物质。

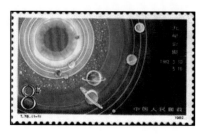

九星会聚，中国，1982

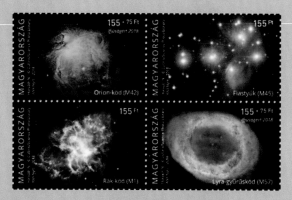

星际空间，匈牙利，2018

银河系，比利时，2018

太阳系的天体，斯里兰卡，2014

1.1 嫦娥奔月的故事

　　嫦娥奔月是中国上古时代神话传说故事，据现存文字记载最早出现于西汉时期的《淮南子》。这一神话源自古人对日月星辰的崇拜。月球是距离地球最近的天体，古今中外的人们从未停止对它的观测和思考。随着航天技术的发展，现在人类终于能够登上月球对其表面的土壤进行探索。

嫦娥奔月，中国，1987

汉画像石·嫦娥奔月，中国，1999

天文观测，塞尔维亚，2011

天文观测，英国，1990

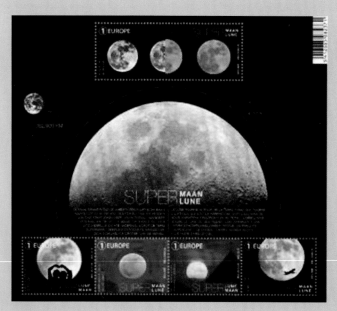

超级月亮，比利时，2016

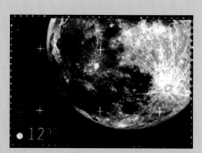

国际天文年·月球，挪威，2009

月球，美国，2016

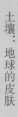

1.2　中国载人航天

　　中国进行载人航天研究的历史可以追溯到 20 世纪 70 年代初，在中国第一颗人造地球卫星"东方红一号"上天之后第二年，钱学森就提出，中国要搞载人航天。然而以当时的条件搞载人航天，各方面都存在一定的困难。

　　2003 年 10 月 15 日 9 时整，我国自行研制的"神舟五号"载人飞船在中国酒泉卫星发射中心发射升空。9 时 9 分 50 秒，"神舟五号"准确进入预定轨道。这是中国首次进行载人航天飞行。乘坐"神舟五号"载人飞船执行任务的航天员是 38 岁的杨利伟。他是我国自己培养的第一代航天员。

中国首次载人航天飞行成功，中国，2003

中国首次载人航天飞行成功，中国香港，2003

中国首次载人航天飞行成功，中国澳门，2003

中国"神舟"飞船首飞成功纪念，中国，2000

中国航天事业创建五十周年，中国，2006

航天，中国，1986

1.3 苏联加加林航天飞行

"宇航之父"齐奥尔科夫斯基 1883 年发表了使用火箭发射太空船的伟大构想。1957 年 10 月 4 日，苏联发射了世界上第一颗人造卫星"斯普特尼克一号"， 标志着航天时代的开始。1961 年 4 月 12 日，苏联宇航员加加林驾驶的"东方一号"发射成功，环绕地球一周后安全返回，这是人类首次载人航天飞行。

齐奥尔科夫斯基 100 周年诞辰，苏联，1957

世界首枚火箭邮票·布利斯堡火箭发射，美国，1948

世界上第一颗人造卫星"斯普特尼克一号"，苏联，1957

世界首次载人航天飞行·加加林肖像和"东方一号"飞船，苏联，1961

一　土壤——从地球皮肤到星际探索

1.4 美国的登月之旅

1969 年 7 月 21 日，美国的"阿波罗 11 号"宇宙飞船载着 3 名宇航员成功登上月球，美国宇航员尼尔·阿姆斯特朗在踏上月球表面这一历史时刻时，曾道出了一句被后人奉为经典的话："这是我个人的一小步，但却是整个人类的一大步。"

人类首次登月，美国，1969

首次登月，斯里兰卡，1989

"阿波罗 11 号"登月成功，匈牙利，1969

首次登月成功 50 周年，美国，2019

1.5　月球土壤探测

　　土壤是星际探测的主要目标之一，随着 1969 年美国第一次登陆月球的成功，人类也首次采集到了月球岩石和土壤样品 22 千克，使我们有机会对月球土壤进行研究。随后在 1970 年，苏联研发的"月球 16 号"探测器成功登陆月球，采集了月球土壤样

"月球 16 号"探测器登陆月球，采集月球土壤，返回地球，苏联，1970

"阿波罗 17 号"月球地质调查，
罗马尼亚，1972

采集月球土壤，阿联酋，1969

"月球 24 号"采集月球土壤样本，苏联，1976

中国探月首飞成功纪念，中国，2007

嫦娥四号，中国，2019

本并带回地球，成为第一个将月球土壤带回地球的探测器。2019 年 12 月 20 日，英国知名科学杂志《自然》在线发表文章，展望了 2020 年可能会对科学界产生重大影响的事件，其中包括中国的嫦娥五号任务，而月壤采样与研究将是其重要任务之一。

2020 年 11 月 24 日 4 时 30 分，探月工程嫦娥五号探测器发射成功，开启我国首次地外天体采样之旅。根据计划，嫦娥五号将在月球最大的月海——风暴洋北缘的吕姆克山附近登陆，并钻取约 2 米深的月壤岩芯柱，计划采集 2 千克重的月球土壤样品，带回地球供科学家研究。12 月 19 日，重 1731 克的嫦娥五号任务月球样品正式交接进入中国科学院国家天文台的月球样品实验室。多名来自中国科学院大学的研究生将参与月壤的研究。

中国首次落月成功纪念，中国，2014

中国探月，中国，2015

1.6 火星土壤助力探测外星生命

很长时间以来，火星都被认为很可能存在生命，因此通过对火星土壤的采样研究，能够帮助我们进一步探测火星上面是否存在外星生命。

2020年7月23日，"天问一号"成功发射，开启了我国第一次火星探测之旅。预计抵达火星时探测器飞行里程约4.75亿千米，距离地球约1.92亿千米。2021年2月6日，"天问一号"从距离火星220万千米的地方拍下了第一张火星"近照"。2021年5月15日，我国首艘自主研发的火星探测器"祝融号"火星车成功登陆火星，正式开始火星探索之旅，我国成为继苏联、美国之后第三个成功登陆火星的国家。6月11日，"天问一号"探测器着陆火星首批科学影像图揭幕，让我们直观了解到火星的

维京1号火星探测器，美国，1976

维京1号探测器首次探测火星土壤，美国，1978

火星二号探测器，苏联，1971

火星漫游者，美国，1997

地貌景观，对火星的认知又进了一大步。后续将对火星大气和土壤进行分析，研究火星岩石和土壤的成分，试图寻找水源和生命迹象。"移民火星"已不只是科幻。

美苏火星探索竞赛，匈牙利，1972

火星探测计划，匈牙利，1974

"祝融号"火星车自拍（图自中国国家航天局）

"祝融号"火星车着陆点全景图（图自中国国家航天局）

"祝融号"第一张火星照片（图自中国国家航天局）　　　"天问一号"拍摄的首张火星照片与高清火星近照（图自中国国家航天局）

1.7　一颗联结地球与太空的小行星——南土所星

2021 年 12 月 5 日是联合国第八个"世界土壤日"。在中国科学院南京土壤研究所举办的"世界土壤日"庆祝活动上，经国际天文学联合会小行星命名委员会批准，编号 530721 号小行星被命名为"南土所星"。

南土所星是 2007 年 9 月 11 日由中国科学院紫金山天文台盱眙天文观测站近地天体望远镜发现，位于火星和木星轨道之间，到太阳的平均距离为 3.51 亿公里，绕太阳一周需 3.72 年。这一命名，不仅代表中国科学院南京土壤研究所的名字进入了宇宙星空，也象征着地球与太空的联系更加紧密！

"南土所星"铜匾揭幕

2 土壤
——生命之源

2.1 土壤是生命之源

俗话说"万物土中生"，古今中外每一种文明都能找到关于"土生万物"的论述。我国古代典籍《易经》离卦中有"百谷草木丽乎土"的论述，《说文解字》中对"土"的解释为"地之吐生物者也"。从中国的五行学说，到古希腊亚里士多德提出并对西方文化产生巨大影响的四元素说，土壤都是组成世界、形成万物的基础。也有无数的文人墨客不吝辞藻地赞美"土壤母亲"。由此可见，土壤对于生命的重要性早已深入人心。

土壤除了供给地表生物生长，其内部也生活着大量生物，它们被统称为土壤生物。可分为土壤微生物和土壤动物两大类。前者包括细菌、放线菌、真菌、藻类以及有细胞结构的分子生物（如病毒）等；后者主要为无脊椎动物，包括环节动物、节肢动物、软体动物、线形动物和原生动物。原生动物因个体很小，故也可视为土壤微生物的一个类群。

土壤微生物分布广、数量大、种类多，是土壤生物中最活跃的部分。1 千克土壤可含 5 亿个细菌，100 亿个放线菌，5 亿个微小动物。这些微小的地下生命组成全球生物量的很大一部分。其中有能分解有机质的细菌和真菌，有以微小微生物为食的原生动物以及进行有效光合作用的藻类等。其主要功能为调节养分循环，分解有机废物，影响全球气候变化，还包含有使动植物和人类致病的病原微生物。

所以，不论从宏观或微观着眼，土壤孕育万物，与空气、水、阳光一样重要，因而土壤都毫无疑义是生命之源。

土壤中的动植物宝藏，卢森堡，2014

有生命的土壤，德国，2000

儿童漫画：土壤孕育万物，与空气、水、太阳一样重要，荷兰，1971

保护地球表层的土壤，法国，2011

食虫植物，美国，2001

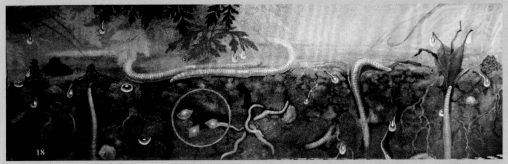

土壤中的生物丰富多样

2021 年联合国生物多样性大会纪念邮票，联合国，2021

澳大利亚荒野中常见的蚁丘（龚子同 摄）

生机勃勃的土壤世界（图自 Global Soil Biodiversity Atlas）

2.2 世界土壤丰富多彩

天下没有两片相同的树叶，地上难觅两块相同的土壤。"龙生九子不成龙，地泽万物土不同"。世界之大土壤类型之多，不胜枚举。北有俄罗斯的黑钙土，南有亚马孙的砖红壤，西有埃及的砂质新成土，东有加拿大的冻土，中有中国的黄土性土壤。

2.2.1 中国古代朴素的土壤分类

中国是一个古老的农业国，在长期的生产、实践中积累了丰富的识土用土的经验。传说后稷教民稼穑；甲骨文中的"土"字也已流传几千年。

后稷像（绘于明以前）（引自陈文良等《北京名园趣谈》）

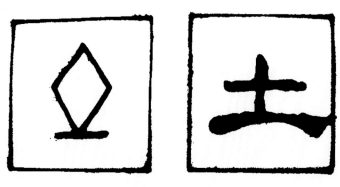

甲骨文中的"土"字字形

《周礼》阐述了"万物自生焉则曰土",解析了土壤与植物的生长关系。许慎在《说文解字》中指出"土者,是地之吐生物者也。'二'象地之上,地之中;'丨',物出形也"。具体说明了"土"字的来源及其意义(王云生)。

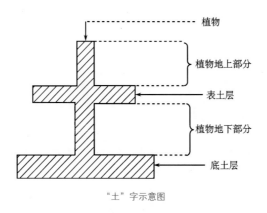

"土"字示意图

在春秋战国时代,《尚书·禹贡》一书中,就根据土壤颜色、质地、肥力和水分状况将九州土壤进行分类,这是世界上有关土壤分类制图的最早记载。

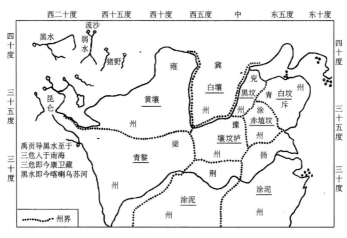

禹贡九州土壤图(引自王云森《中国古代土壤科学》)

英国近代著名生物化学家、科学技术史学家李约瑟在《中国科学技术史》一书中认为:"土壤学连同生态学好像发源于中国。"

2.2.2　美国土壤系统分类

盖·史密斯

第二次世界大战以后，各国都忙于恢复农业生产，发展国民经济，因此迫切需要科学的土壤分类。由于传统的分类只有中心概念，没有明确的边界，缺乏定量指标，无法录入计算机并建立数据库。有鉴于此，美国于 20 世纪 50 年代开始，在时任土壤调查局局长盖·史密斯领导下，先后集中了世界上千位土壤学家的经验，经过 10 年时间，于 1960 年提出了以诊断层和诊断特性为基础的、以定量为特点的土壤系统分类，1975 年出版了《土壤系统分类》一书，这是土壤分类历史上的一次重大革新。

2.2.3　中国土壤的特点

我国近代土壤分类深受俄罗斯学派的影响。长期以来一直沿用俄罗斯土壤地理发生分类，1984 年全国土壤普查办公室的土壤分类，其中有 53 个土类 200 多个亚类。作为基层分类的土种，经整理有 2600 多个。

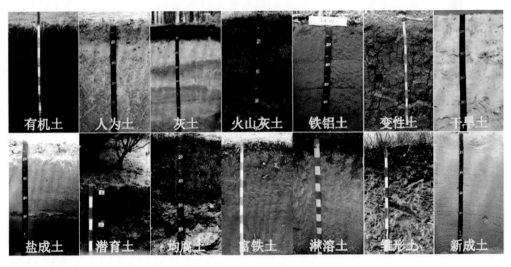

中国土壤系统分类十四个土纲图（杨顺华 杨帆 编制）

根据国内的基础，吸取国际经验，中国土壤学家从 1984 年开始，经十多年的努力，出版了《中国土壤系统分类：理论·方法·实践》（1999）。

我国地域辽阔，土壤类型众多，有许多特点是其他国家所不具备的。首先是人为土。我国是一个古老的农业国，人为活动对土壤影响之深、强度之大是其他国家不可比拟的，其中占世界四分之一的水稻土尤具特色；其次是拥有 200 多万平方千米的亚热带季风土壤，其强淋溶弱风化的特点是又一特色；再次是西北内陆干旱土，西北内陆地区不仅有世界各大干旱区的土壤类别，还有我国特有的寒性、盐积、超盐积和盐磐干旱土等土壤类别，是世界上干旱土分类研究的天然标本库；最后，被称为"世界屋脊"的青藏高原土壤，具有类似于极地而又不同于极地的特点。

目前中国土壤系统分类高级单元中有 14 个土纲，39 个亚纲，138 个土类，588 个亚类。作为基层分类的中国土系研究已基本完成。估计全国土系超过 10000 个。

2.2.4 土壤的多样性

土壤是在气候、地形、母质、生物、时间和人为六大成土因素共同作用下形成的，不同的环境下形成的土壤类型和土壤景观也不尽相同，并且具有丰富多彩的形态特征。

中山公园中山堂（其前方即是五色土坛），中国，2016

北京印花税票·社稷坛拜殿和五色土，2008

伊犁草原

宁夏塞北江南

兴安林海

长白山高山苔原

西北荒漠

盘锦红海滩

珠穆朗玛峰

兴化垛田

兴义万峰林

武夷山高山草甸

龙胜梯田

海南五指山

三沙七连屿

霞浦滩涂

被不同土壤哺育的七彩国土

中山堂与五色土坛

土壤类型，葡萄牙，1978

土壤形成，芬兰奥兰群岛，1994

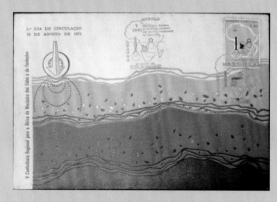

土壤层次，非洲第 5 届区域土壤与基础会议，安哥拉，1971

土壤：地球的皮肤

土壤类型，奥地利，2005～2013

水-土壤-植物，奥地利，1997

2.3　世界土壤学大会在国际交流中生生不息

20 世纪初，国际土壤科学的研究处于起步阶段。在此期间，国际土壤学会（The International Union of Soil Sciences，IUSS）于 1924 年 5 月 19 日成立于罗马，其前身为国际土壤学委员会，总部设在荷兰的瓦赫宁根。当前下设 4 个分部，每个分部设 5 至 6 位委员会，会员遍布 127 个国家和地区，其中有 54 个国家/地区为团体会员国/地区。主旨在于促进土壤科学各分支学科的发展，支持世界各国土壤学家的研究活动。

国际土壤学会原则上每 4 年召开一次世界土壤学大会（The World Congress of Soil Science, WCSS），欢迎全世界土壤学及相关学科科技工作者进行学术交流，是土壤学界最具权威性和影响力的国际会议。从第 3 届世界土壤学大会开始，就有我国土壤学家参加。

国际土壤学会成立以来，共举行过 21 次大会。其中欧洲 8 次，美洲 6 次，亚洲 4 次，澳大利亚 2 次，非洲 1 次。在美国先后举行过 3 次。

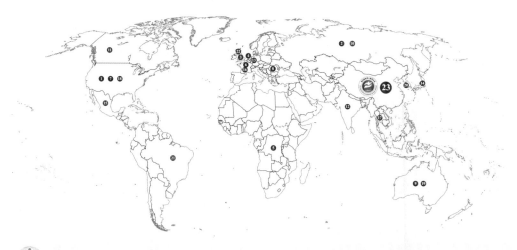

❶美❷苏❸英❹荷❺刚❻法❼美❽罗马尼亚❾澳❿苏⓫加⓬印⓭德⓮日⓯墨⓰法⓱泰⓲美⓳澳⓴韩㉑巴㉒英㉓中

历次世界土壤学大会举办地，其中第 23 届将于 2026 年在中国南京举行

2.3.1　第 3 届世界土壤学大会

1935 年 7 月，第 3 届世界土壤学大会在英国牛津（Oxford）举行，中国有 3 位学者出席了会议，一位是中央农业试验所的张乃凤，另一位是中山大学土壤调查所的邓植仪，第三位是中央地质调查所的侯光炯。

侯光炯与马溶之的论文《江西省南昌地区灰化红壤性水稻土肥力之初步研究》被选为大会宣读论文。"水稻土"这一特殊土类名称首次在世界上被提出。

张乃凤（1904～2007）

邓植仪（1888～1957）

侯光炯（1905～1996）

马伯特（1863～1935）

梭颇（1896～1984）

美国土壤分类和调查的先驱马伯特（C. F. Marbut，1863～1935），应当时在中国工作的美国土壤学家梭颇（James Thorp，1896～1984）的邀请，参加完在英国举行的第3届世界土壤学大会后，来华访问，不幸途中因病在哈尔滨下车就医，并于同年8月24日在该地病逝。

2.3.2 第4届世界土壤学大会

1950年在荷兰举行第4届世界土壤学大会。这是第二次世界大战以后举行的第一次世界土壤学大会。中国作为战胜国，国际地位空前提高，李庆逵向大会提交了题为 "Exchangeable potassium in lateritic soils of China derived from different parent materials（不同母质的中国红壤中的交换性钾）" 的论文。在那次大会上，李庆逵当选为该届大会的副主席。

郁金香田和风车，荷兰，2016

李庆逵（1946年）

2.3.3 第6届世界土壤学大会

1956年，第6届世界土壤学大会在法国巴黎举行，这是中华人民共和国成立后首次组团参会。马溶之在会上提交了《中国土壤的地理分布规律》一文，展示了我国丰富的土壤资源，令人耳目一新。

巴黎埃菲尔铁塔，法国，1939　　　　　　　　　　卢浮宫，法国，2015

2.3.4　第8届世界土壤学大会

　　1964年8月31日至9月9日，第8届世界土壤学大会在罗马尼亚首都布加勒斯特召开。我国代表团团长为马溶之，成员有侯光炯、陈恩凤、黄瑞采、陈华癸、沈梓培、姚贤良等。罗马尼亚为此次盛会发行了纪念邮票。

第8届世界土壤学大会，罗马尼亚，1964　　　　布加勒斯特大学100周年，罗马尼亚，1964

2.3.5　第9届世界土壤学大会

　　1968年，第9届世界土壤学大会在澳大利亚阿德莱德举行。澳大利亚专门为此次盛会发行了纪念邮票。

第 9 届世界土壤学大会，澳大利亚，1968　　　　　　阿德莱德会展中心，澳大利亚，2018

2.3.6　第 10 届世界土壤学大会

　　1974 年，第 10 届世界土壤学大会在苏联首都莫斯科举行。苏联为纪念此次盛会发行了纪念邮资信封。

第 10 届世界土壤学大会纪念封，苏联，1974

1974 年第 10 届世界土壤学大会在莫斯科举行

莫斯科克里姆林宫，俄罗斯，2009

И. П. Герасимов（格拉西莫夫）

В. А. Ковда（柯夫达）

2.3.7　第 11 届世界土壤学大会

1978 年 6 月 18 至 27 日，第 11 届世界土壤学大会在加拿大埃德蒙顿市举行。李庆逵为团长，成员为于天仁、石华、李连捷和丁鉴。

名画花卉，加拿大，1992

枫叶，加拿大，2003

农学教育，加拿大，1969

2.3.8 第 12 届世界土壤学大会

1982 年，第 12 届世界土壤学大会在印度新德里举行。团长是浙江农业大学校长朱祖祥，副团长为中国林业土壤所曾昭顺，成员为朱显谟、季孝芳、黄东迈、刘孝义、姚贤良、奚振郝、罗汝英、利桑卓、华绍祖、盛堂和郑军等。

第 12 届世界土壤学大会纪念邮票，印度，1982

新德里印度门，印度，1987

2.3.9 第 14 届世界土壤学大会

1990 年在日本召开第 14 届世界土壤学大会，中国派遣了大型代表团参加。中国代表团成员赵其国作为大会发言人在会上作了主旨报告，于天仁和龚子同分别主持了土壤化学和东亚土壤地理分会场会议。值得一提的是，第 14 届世界土壤学大会的论文集封面上书有大大的中日两国共同的"土"字，文集中还刊有李庆逵署名的中国对"土"字的解释性文章。另外，第 14 届世界土壤学大会会后考察由中国土壤学会安排，分东北、华北、太湖和华南 4 条路线考察，极大地促进了各国土壤学家之间的友好交流。

樱花与富士山，日本，2018　　　　　　　第 14 届世界土壤学大会文集 "土" 字封面

2.3.10　第 17 届世界土壤学大会

2002 年，在泰国曼谷召开第 17 届世界土壤学大会，会后还组织了有关代表参加云南石林、土林和沙林的考察。

曼谷玉佛寺，泰国，2002

石林，中国，1983

陆良彩色沙林（张楚 摄）

云南元谋土林（徐宁 摄）

2.3.11　第21届世界土壤学大会

2018年8月12～17日，在巴西里约热内卢召开第21届世界土壤学大会，经过努力争取，中国土壤学会终于成功获得2026年在中国南京举办第23届世界土壤学大会的举办权。此外，会上中国科学院南京土壤研究所杨飞博士荣获Dan Yaalon青年科学家奖。

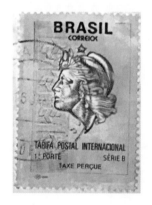

巴西邮票，1996

巴西耶稣像，巴西，2007

第21届世界土壤学大会标志

庆祝中国获得第 23 届世界土壤学大会举办权

2.4 国际土壤年不断出新

在 2002 年泰国曼谷召开的第 17 届世界土壤学大会上，国际土壤学会（IUSS）理事会提议，将每年的 12 月 5 日作为世界土壤日（World Soil Day）。这一提议得到联合国粮农组织（FAO）的支持。

2013 年 6 月，联合国粮农组织大会通过了将每年的 12 月 5 日作为世界土壤日（World Soil Day）以及确定 2015 年为国际土壤年（International Year of Soils 2015, IYS 2015）的决议，该决议也在 2013 年 12 月 20 日的联合国大会上得到了认可。

2014 年 12 月 5 日是联合国首个"世界土壤日"，2015 国际土壤年也在当天正式启动。其主题是"健康土壤带来健康生活"（Healthy Soils for a Healthy Life），旨在提高人们对土壤在粮食安全和基本生态系统功能方面重要作用的认识和了解。世界各国积极响应，举办了大范围的联合学术会议、土壤科学考察、公众科普宣传和知识技能竞赛等一系列以"土壤"为主题的活动，极大促进了土壤学的国际交流合作。多国邮政机构同时发行了国际土壤年纪念邮票。

2015 国际土壤年，适逢中国土壤学会成立 70 周年。在中国土壤学会主导下，我国在国际上举办了包括第 12 届东亚及东南亚土壤学联合会会议（ESAFS 12）等在内的各项活动，在国内，多所科研机构及高校同时开展了土壤学知识科普活动，在重庆北碚举办了首届全国大学生土壤技能竞赛等。

吉尔吉斯斯坦

摩尔多瓦

突尼斯

西班牙

洪都拉斯

葡萄牙

乌拉圭   冰岛   斯洛文尼亚

2.5　国外土壤学界的"诸子百家"

　　土壤学作为一门现代学科，有一个发展过程。18 世纪以来逐渐形成了几个比较有影响的学派。

2.5.1　德国农业化学派

　　17 世纪以来，随着西方工业化进程的加快，物理、化学等基础科学对土壤学的发展产生了重大影响，形成了一支重要的农业化学派。创始人是德国化学家李比希（J. V. Liebig, 1803～1873），他在 1840 年出版的《化学在农业和生理学上的应用》专著中提出，土壤是植物养料的储藏库，植物靠吸收土壤和肥料中矿质养料而得到滋养。植物长期吸收消耗土壤中的矿质养料，会使矿质养料越来越少。为了补充减少的库存量，应通过施用化肥和采取轮栽的方式归还损失的物质，使土壤肥力永续不衰。

李比希（1803～1873），德国，1978

with the compliments of the season and the year 1983

Die besten Wünsche für die Festtage
und das kommende
Neue Jahr

for you and Prof. Yao

H. Eiberth

Zentrum für kontinentale Agrar- und Wirtschaftsforschung
der Justus-Liebig-Universität Gießen

PS. Many thanks for the map of clay minerals in
Soils of china

Die besten Wünsche für die Festtage
und das kommende
Neue Jahr

Zentrum für kontinentale Agrar- und Wirtschaftsforschung
der Justus-Liebig-Universität Gießen

Prof. Dr. Breburda

李比希大学的贺卡

农业化学派开辟了用化学理论和方法研究土壤的天地，推动化学工业发展的同时促进了农业生产发展。但片面强调了土壤作为植物"养料库"的功能，忽视了有机质、微生物和土居动物等活性物质的作用。尽管如此，这些都决不能动摇其历史作用。

花园土壤邮票，德国，2017

2.5.2 农业地质学派

19 世纪后半叶，德国地质学家李希霍芬（F. V. Richthofen, 1833～1905）、法鲁（F. A. Fallou, 1794～1877）和拉曼（E. Ramann, 1851～1926）等用地质学观点研究土壤。他们把土壤形成过程看成是风化过程，认为土壤是岩石经风化后形成的地表疏松层。

李希霍芬（1833～1905）

法鲁（1794～1877）

拉曼（1851～1926）

农业地质学派强调了风化作用的重要性，却混淆了土壤与岩石、风化物的概念。按此观点必然得出土壤中矿物质受淋溶作用而逐渐减少的结论，但该学派的观点深化了从矿物学对土壤的研究。

2.5.3　俄罗斯土壤发生学派

19 世纪 70~80 年代，俄罗斯著名的自然地理学家和土壤学家道库恰耶夫（В.В. Докучаев, 1846~1903）创立了土壤发生学派。道氏在 1883 年出版的《俄罗斯黑钙土》一书中认为，土壤有其自身的发生和发展规律，是独立的历史自然体，提出了五大成土因素学说，指出地球上土壤分布具有地带性规律，创立了土壤地带性学说。

道氏有许多杰出的学生如土壤地理学家格林卡（К. Д. Глинка, 1867~1927）、土壤胶体化学家盖德罗伊茨（К. К. Гедройц, 1872~1932）、土壤地球化学家巴雷诺夫（Б. Б. Полынов, 1877~1952）和生物土壤学家威廉斯（В. Р. Вильямс, 1863~1939）等。其中格林卡著有《世界土类及其发育》一书。1941 年该书由德国土壤学家司翠梅译成德文，1928 年由美国土壤学家马伯特（C. F. Marbut）转译成英文，这使西欧和美国知道了俄国土壤学派的贡献。从此俄罗斯土壤学理论方法，甚至俄文土壤学名词如黑钙土（chernozems）、灰壤（podzols）、盐土（solonchaks）等也被世界各国广泛采用。

威廉斯在道氏基础上指出，土壤是以生物为主导的各种成土因子长期综合作用的产物，物质大循环和生物小循环矛盾的统一是土壤形成的实质。土壤本质的特点是具有肥力，并提出团粒结构是土壤肥力的基础。此观点被称为土壤生物发生学派。

20 世纪 50 年代初至 60 年代中，我国先后派往苏联留学生一万多人，其中土壤学与相关学科留学生占 1%~2%。

苏联科学院 250 周年，1974，苏联

莫斯科大学 250 周年，2005，俄罗斯

道库恰耶夫（1846～1903），苏联，1949

格林卡（1867～1927）

盖德罗伊茨（1872～1932）

巴雷诺夫（1877～1952）

威廉斯（1863～1939），苏联，1949

莫斯科土壤学家的新年贺卡

俄罗斯科学院地理研究所的同行来信

2.5.4 土壤圈的概念

1938 年，瑞典土壤学家马特森（S. Mattson, 1886～1980）首先提出土壤圈（pedosphere）的概念，认为土壤是岩石圈、水圈、生物圈和大气圈相互作用的产物。他从圈层的角度来研究全球土壤的结构、成因和演变规律。把以土体内能量交换和物质流动为主的研究扩展到探索土壤与生物、大气、水和岩石圈之间的能量循环及其界面上产生的各种过程和推理，从而使土壤学真正地融入地球系统科学，参与全球变化和生态环境建设。

马特森（1886～1980）

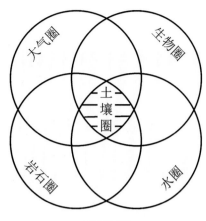

土壤圈的地位

2.5.5　其他有影响的学者

此外，还有许多相邻学科的科学家也积极参与了促进土壤学科发展的活动，如卡尔·特察吉（1883～1963）、《寂静的春天》作者蕾切尔·卡逊（1907～1964）、著名科学家和艺术家达·芬奇（1452～1519）等。达·芬奇曾直言"我们对脚下土壤的了解还不及对浩瀚的天体了解得多"。

卡尔·特察吉（1883～1963），
奥地利，1983

蕾切尔·卡逊（1907～1964），
美国，1981

达·芬奇（1452～1519），
塞浦路斯，1981

3 土壤的
前世今生

认识土壤，首先要了解土壤是如何形成的。

土壤的科学研究可以上溯到 17 世纪中叶农业科学初步发展时期。但在较长一段时间内，对于土壤的形成依旧没有一个明确的认识。

直到 1883 年，俄罗斯土壤学家道库恰耶夫经过对俄罗斯大草原行程万里的考察，写成了《俄罗斯黑钙土》一书。书中提出了成土因素学说，即**土壤不仅是岩石风化的产物，而是气候、生物、母质、地形和年龄五大因素共同作用下形成的有自己发生发展规律的历史自然体**。成土因素的变化制约着土壤形成与演化。

20 世纪 40 年代，美国著名土壤学家汉斯·詹尼（Hans Jenny）在其《成土因素》一书中，发展了道库恰耶夫的成土因素学说，提出了"土壤形成因素-函数"的概念：

$$S=f(cl, o, r, p, t, …)$$

式中，S 为土壤；cl 指气候；o 指生物；r 指地形；p 指母质；t 代表时间；点号代表尚未确定的其他因素，f 指函数。

此外，B. A. 柯夫达还提出了地球深层因子对土壤形成的影响，包括火山喷发、地震、新构造运动、深层地下水及地球化学物质富集现象等。

现阶段，人们越来越认识到人类活动对土壤形成也有巨

汉斯·詹尼（1899～1992）

大的影响。中国土壤科学家首先在《中国土壤系统分类：理论·方法·实践》中建立了人为土纲，得到了国际土壤学界的认可，并被国际主流土壤分类系统《世界土壤资源参比基础（WRB）》所收录。目前土壤学界已普遍承认人为作用为第六大成土因素。

3.1　土壤与岩石

土壤是岩石风化的产物，因此将形成土壤的岩石称为母岩或基岩。

不同类型的岩石能很大程度上影响土壤的性质，而且不同的岩石也能形成很多独特的自然景观。我国著名的五岳、黄山、石林和丹霞山等都是主要由不同岩石形成的自然景观。

不同母质因其矿物组成、理化性质不同，直接影响成土过程的速度、性质和方向。例如在花岗岩风化物中，抗风化很强的石英颗粒保留在所发育的土壤中，因其所含盐基成分较少，在强淋溶作用下，易遭淋失，致土壤呈酸性反应；而玄武岩、辉绿岩等风化物，因不含石英、盐基丰富，抗淋溶作用强，所以在亚热带地区前者常发育为红壤，后者则发育为中性或石灰性土壤。

不同母质所形成的土壤养分状况有所不同，如钾长石上形成的土壤有较多钾，斜长石上形成的土壤有较多的钙；辉石和角闪石上形成的土壤有较多的铁、钙、钾等元素；而含磷较多的石灰岩上形成的土壤磷含量很高。成土母质与土壤质地也密切相关，例如南方玄武岩上发育的土壤质地比较黏重；砂岩上发育的质地轻；而花岗岩和砂页岩上发育的土壤介于两者之间。

一般来说，成土过程进行愈久，母质与土壤性质差别愈大。

玄武岩上发育的湿润铁铝土景观，广东徐闻（张甘霖 摄）

岩石邮票，中国香港，2002（依次为砾岩、粉砂岩、凝灰岩、花岗岩）

大观雄峰（泰山变质岩），1988　　　　　西岳五峰（华山花岗岩），中国，1989

祝融雄峰（衡山花岗岩），中国，1990　　　　北岳恒宗（恒山石灰岩），中国，1991

嵩山如卧（岩浆岩、沉积岩、变质岩），中国，1995　　　黄山朝晖（花岗岩），中国，1997

石林·秋（石灰岩），中国，1981　　　　丹霞山·茶壶峰（红色砂岩），中国，2004

腾冲地热火山·火山群，中国，2007　　　　　　　五大连池·黑龙山，中国，2007

火山地貌·柱状节理，中国香港，2014

奥兰群岛基岩，芬兰奥兰群岛，1993

石英晶体，保加利亚，1995

方解石晶体，保加利亚，1995

3.2 土壤与植被

植物是土壤有机质的初始生产者，它将太阳能引入成土过程的轨道，将分散在岩石圈、水圈和大气圈的营养元素选择性吸收起来，富集在土壤中，从而创造出土壤所特有的肥力特性。

植物组织每年吸收的矿物质在组成和数量上差异很大。据研究，在冰沼地、森林冰沼地、针叶林和针叶-阔叶林混交林地，植物的灰分含量最低（仅 1.5%～2.5%）；在高山和亚高山草甸、草原和北方阔叶林以及草本/灌木林、稀树林等为中等（2.5%～5%）；而盐土植被却高达 20%，甚至 50% 以上。

木本植物和草本植物因有机质的数量、性质和积累方式不同，它们在成土过程中的作用也不同。木本植物以多年生为主，每年只有一小部分凋落物堆积于地表，形成的腐殖质层较薄，而且腐殖质主要为富啡酸，品质较差。凋落物中含单宁树脂类物质较多，分解后易产生较强的酸性物质，导致土壤酸化和矿物质的淋失。而草本植物多为一年生，无论是地上部分还是地下部分的有机体，每年都经过死亡更新，因此提供给土壤的有机物质较多，且分布深；有机残体多纤维素，少单宁和树脂等物质，不易产生酸性物质，其灰分和氮素含量大大超过木本植物，形成的土壤多呈中性至微碱性。

　　土壤形成的生物因素包括植物、土壤动物和土壤微生物。生物因素是促进土壤发生发展最活跃的因素，它能促进土壤腐殖质层的形成，使土壤具备肥力特性，推动土壤的形成和演化，所以从一定的意义上说，没有生物因素的作用，就没有土壤的形成过程。

　　此外，植物根系可分泌有机酸，通过溶解和根系的挤压作用破坏矿物晶格，改变矿物的性质，促进土壤的形成；并通过根系活动，促进土壤结构的发展。

　　自然植被和水热条件的演变，引起土壤类型的演变。中国东部由东北往华南的森林植被和土壤的分布依次为：针叶林（棕色针叶林土）→针阔混交林（暗棕壤）→落叶阔叶林（棕壤）→落叶常绿阔叶林（黄棕壤）→常绿阔叶林（红壤、黄壤、赤红壤）→雨林、季雨林（砖红壤），很好地体现了植被与土壤的对应关系。

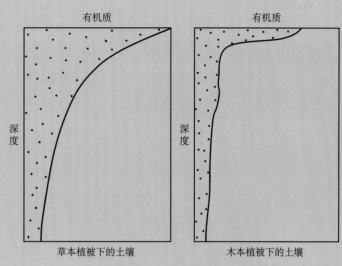

有机质 有机质

深度 深度

草本植被下的土壤 木本植被下的土壤

白羽扇豆根系分布 植被对土壤剖面中有机质分布的影响

神农架原始森林，中国，1998

滇南雨林，中国，2004

胡杨成林，中国，1994

泽普金湖杨，中国，2018

杨桦混交林，中国，1998

长白山针阔混交林，中国，1993

锡林郭勒草原，中国，1998

呼伦贝尔草原，中国，2004

典型草原，中国，1998

草甸草原，中国，1998

长白山高山苔原，中国，1993

高山苔原，美国，2007

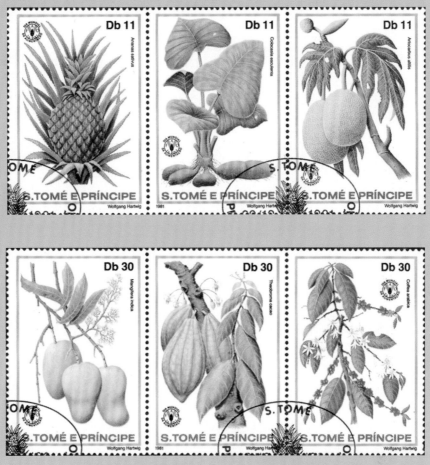

热带植物，圣多美和普林西比，1981

3.3 土壤与气候

气候对土壤形成的影响主要体现在两个方面：一是水热状况直接影响母质风化；二是控制植物生长和微生物活动，影响有机质的积累和分解。总的来说，气候因素是土壤形成的外在推动力，是直接和间接影响土壤形成过程的方向和强度的基本因素。

气候对土壤的影响是广泛的。

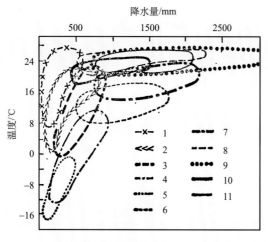

降水量/mm

1-灰钙土和荒漠土；2-栗钙土；3-黑钙土；4-灰壤；
5-冰沼土；6-棕色森林土；7-黄壤；8-砖红壤；
9-灰化红壤；10-干旱森林弱淋溶土；11-红棕土

水热条件与土被的关系（Волобуев，1956）

从全球观点来看，气候变化给生物-土壤带来了一系列的变化。

如德国地理学家亚历山大·冯·洪堡，根据他在南美15000千米的考察，提出了地带性规律。又如俄罗斯土壤学家道库恰耶夫在俄罗斯草原地区进行了10000千米的考察，与洪堡几乎同时提出了土壤地带性规律。中国土壤学家的进一步研究，使欧亚大陆黑钙土-黑土从西到东呈现的地带性分布规律更加完整。

气候对土壤的影响主要体现在有效降水量和温度。

水对所有土壤的主要化学反应都是至关重要的。水渗透越深，土壤风化以及发育的深度越大。

温度每升高10℃，生物化学反应速率是原来的两倍多。

温度和湿度通过影响植物生产和微生物分解之间的平衡而影响土壤有机质积累和分解。

在寒冷地区，微弱的土壤剖面发育特征与潮湿热带地区深度风化的土壤剖面形成鲜明对比。

气候的季节变化潜移默化地影响着不同地区不同土壤的物质循环和剖面发育。

欧亚大陆黑钙土-黑土地带性分布略图

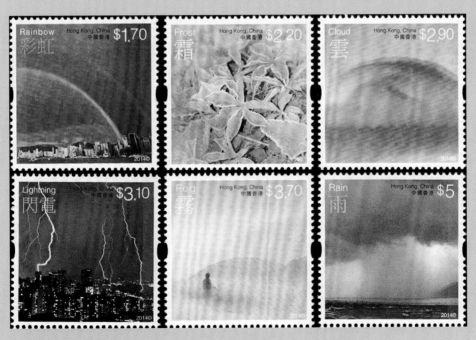

天气现象，中国香港，2014

春夏秋冬，中国，2017

春桃，中国，2013

夏荷，中国，1980

秋菊，中国，1960

冬梅，中国，1985

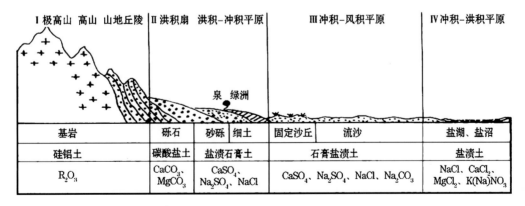

富士山的春夏秋冬，日本，2014

3.4 土壤与地形

地形是影响土壤与环境之间进行物质、能量交换的一个重要场所条件。在成土过程中，地形不提供任何新的物质。其主要作用表现为：一方面使物质和元素随地形进行再分配；另一方面是使土壤及母质在接受光、热、水、气等方面发生差异，或重新分配。特别是在干旱区和半干旱区，元素地球化学分异更加明显。

I 极高山 高山 山地丘陵	II 洪积扇 洪积-冲积平原		III 冲积-风积平原	IV 冲积-洪积平原
基岩	砾石	砂砾 细土	固定沙丘 流沙	盐湖、盐沼
硅铝土	碳酸盐土	盐渍石膏土	石膏盐渍土	盐渍土
R_2O_3	$CaCO_3$、$MgCO_3$	$CaSO_4$、Na_2SO_4、$NaCl$	$CaSO_4$、Na_2SO_4、$NaCl$、Na_2CO_3	$NaCl$、$CaCl_2$、$MgCl_2$、$K(Na)NO_3$

泉 绿洲

天山至吐鲁番盆地土壤盐类化合物地球化学分异

按海拔的差别，中国陆地地貌可以分成明显的三级阶梯。

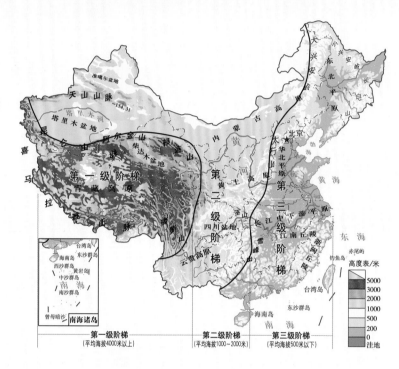

中国地形的三级阶梯（引自郑度，2015）

第一级阶梯。平均海拔在 4000 米以上，面积 230 万平方千米，形成了号称"世界屋脊"的青藏高原。高原上横亘着几条近乎东西走向的山脉，自北而南依次为昆仑山脉—祁连山脉、唐古拉山脉、冈底斯山脉—念青唐古拉山脉，山脊海拔大都在 6000米以上。世界第一高峰——珠穆朗玛峰，海拔 8848.86 米。

第二级阶梯。介于青藏高原与大兴安岭—太行山—巫山—雪峰山之间，包括内蒙古高原、黄土高原、云贵高原和塔里木盆地、准噶尔盆地和四川盆地等大地貌单元，海拔一般在 1000～2000 米左右。其中天山较高，平均海拔超过 4000 米，四川盆地较低，仅 500 米上下。

青藏铁路开工纪念，中国，2001

珠穆朗玛峰，中国，1983

青藏铁路通车纪念——穿越可可西里，翻越唐古拉山，中国，2006

内蒙古草原牧区新貌，中国，1977

宁夏塞北江南，中国，1978

九寨沟·五花海，中国，1998

峨眉风光·金顶，中国，1984

梵净山自然保护区，中国，2005

土壤：地球的皮肤

第三级阶梯。大兴安岭—太行山—巫山—雪峰山一线以东。近海的沉降地带成为大平原，自北向南，有海拔 200 米以下的东北大平原、华北平原和长江中下游平原。而隆起受侵蚀地带成为丘陵、山地，包括辽东半岛、山东半岛和东南丘陵，海拔 3000米的台湾山地和水深不足 200 米的浅海大陆架，也位于三级阶梯的范围内。

武夷山挂墩（东南丘陵），中国，1994　　　　　　　　兴安林海，中国，2004

台湾海岸线，中国，2004　　　　　舟山群岛，中国，2004

3.5　土壤与时间

土壤是在其他成土因素经过一定时间的持续作用下形成的。因此，不同的作用时间形成了具有不同年龄的土壤。

从岩石露出地表开始有微生物着生，到低等植物开始着生，到高等植物定居之前的土壤形成过程，称为原始成土过程，是土壤发育的起始，形成的土壤绝对年龄最小。根据着生生物的变化，原始成土过程可以分为"岩漆"、地衣着生和苔藓着生三个阶段。例如四川海螺沟的红石滩景观，为岩石表面着生特有的橘色藻而形成，即为典型的"岩漆"现象；在冰岛等靠近南北两极的寒冷陆地上，原始成土过程也十分常见。

四川海螺沟红石滩明信片

自然景观，冰岛，2015

地球上最古老、绝对年龄最大的土壤存在于非洲和澳大利亚。因为那里一些岩石出露地表至少可以追溯到 5 亿年前的古生代；而绝对年龄最小的一般为发育于新沉积物及寒冻地区和刚出露的岩石上，估计土壤形成速率大约为 0.056 毫米/年。在湿润气候条件下，石灰岩只需 100 年可产生剥蚀；而抗蚀性强的砂岩 200 年才可以观察到风化的痕迹；我国珊瑚岛上形成的土壤需 1000 ～ 1500 年。Busacca 发现美国加州的新成土（幼年土）形成时间小于 3000 年，软土（壮年土）形成需要 3000 ～ 29000 年，而老成土（老年土）需要 50 万～320 万年。

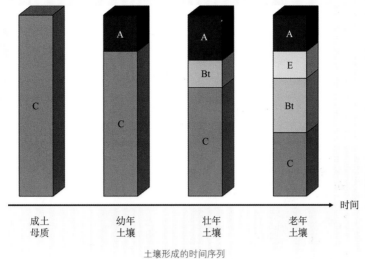

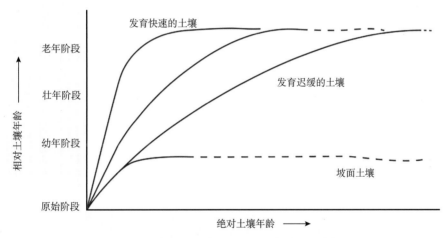

土壤形成的时间序列

A 为表土层，Bt 为黏粒淀积层，C 为母质层，E 为淋溶层

土壤相对年龄与绝对年龄的关系（引自《寂静的土壤》）

　　由于土壤形成以千年、万年或百万年计，所以学界有句俗语："千年龟万年土"。换而言之，土壤的历史远远超过人类甚至其他远古生物的历史，土壤见证了地球上无数生物的出现和消失。即便是曾经称霸地球的恐龙，在土壤的历史中也不过是转瞬即逝的存在，如今我们只能通过埋藏在土壤中的化石来一窥它们当时的身影。这也警示着我们，若我们一味破坏赖以生存的土壤，人类文明也终将被掩埋在土壤的历史长河中。

贺兰山岩画，中国，1998

禄丰恐龙（中生代），中国，1958
（世界上第一枚恐龙邮票）

寒武纪早期澄江生物群，中国，1999

中国恐龙，中国，2017

中国南阳恐龙蛋化石，中非，1996

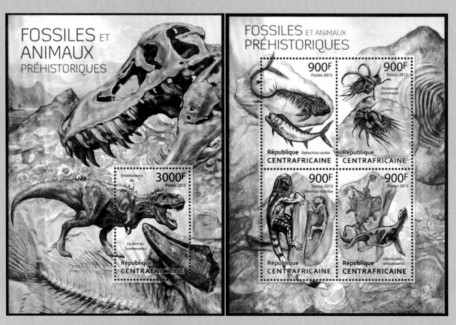

古生物化石，中非，2013

3.6 土壤与人为活动

近年来，P. M. Vitousek 等认为，人类对地球的改变是深刻的而且在加剧，估计 1/3 的地球表面已被人类行为改造。诺贝尔奖得主 P. L. Crutzen 建议将工业革命以来人类活动对地球表面产生深刻影响的时期称为"人类世"（Anthropocene）。

马溶之先生早在 1950 年代末就指出："土壤耕作改变了成土条件，开垦改变了原生植被，灌溉改变了土壤水文状况，施肥改变了物质来源。"他认为"耕作土壤除了自然条件外，还有人为因素，而当人为因素占主导地位时，土壤发育方向发生变化……""人类世"与马先生提出的观点类似，而马先生的"人为发生"观点比 P. L. Crutzen 提出的"人类世"观点早了半个世纪。

中国是农业文明古国，从历史古迹出土的文物中都能看到我国先民的农业活动情况，例如西安半坡村出土的彩陶、浙江良渚出土的玉器以及河姆渡遗址出土的诸多文物等。正是在这样长期的人为作用下，形成了大面积的具有人为作用特点的耕作土壤。其中有水耕条件下形成的水稻土，有土垫形成的垆土，有浑水灌溉淤积的灌淤土，有城郊长期种植蔬菜的肥熟土，还有用砂石覆盖的兰州"砂田"等。

中国土壤系统分类首次系统地建立了人为土纲的诊断体系，并被世界土壤资源参比基础（WRB）全盘接受，成为其标准方案，对国际土壤分类作出了重要贡献。

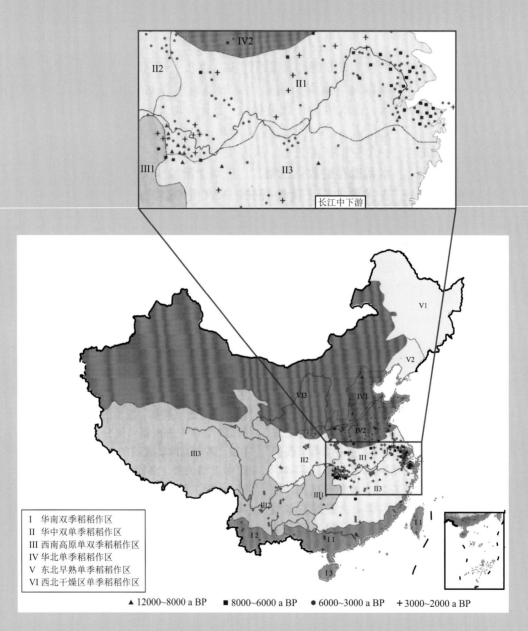

长江中下游

I 华南双季稻稻作区
II 华中双单季稻稻作区
III 西南高原单双季稻稻作区
IV 华北单季稻稻作区
V 东北早熟单季稻稻作区
VI 西北干燥区单季稻稻作区

▲ 12000~8000 a BP　■ 8000~6000 a BP　● 6000~3000 a BP　+ 3000~2000 a BP

中国古水稻遗存分布略图（龚子同等，2007）

敦煌壁画——北周·农耕，中国，1988

汉画像石·牛耕，中国，1999

旱作农区的"砂田"，甘肃兰州（崔荣浩 摄）

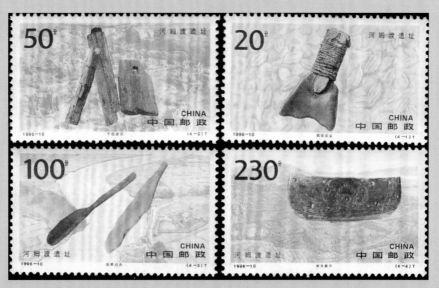

河姆渡遗址出土文物，中国，1996

良渚玉器，中国，2011

西安半坡遗址出土文物·彩陶，中国，1990

农耕图，中国，1948

4

保护土壤
就是保护人类自身

　　土壤是大自然赐予人类的一种难以再生的资源。随着社会经济的发展，人们对土壤的依赖程度越来越大，我们理应倍加珍惜。然而，长时间的不合理利用和管理，已导致大地千疮百孔，给社会带来数不尽的土壤和环境灾难。其中特别要注意的是，当进入土壤的有害、有毒物质超出土壤自净能力时必将导致土壤物理、化学和生物性质发生改变，降低农作物产量并危害人类的健康。由于土壤污染具有隐蔽性、滞后性、易积累和不可逆转性等诸多特点，一旦发生污染，治理难度巨大。要解决这些问题，必须重新回到土壤本身，认识土壤及其环境问题所在，为土壤治病疗伤。

4.1　土壤与环境保护

　　恩格斯在《自然辩证法》中说过两段警世名言：

　　"不要过分沉醉于我们人类对自然界的胜利，对于每一次这样的胜利自然界对我们都会进行报复，我们最初的成果又消失了。""世界上很多地方如美索不达米亚、小亚细亚及其他地方的居民，为了想得到耕地，把森林都砍光了，但他们想不到，这些地方今天正因此成了不毛之地。"

　　面对日益严重的环境问题，如 20 世纪 30 年代美国发生的震惊世界的"黑色沙尘暴"，干旱地区的荒漠化，毁林开发引起的水土流失，工业化带来的土壤、水体污染……"救救我们的土壤"的呼声日益高涨。本来"SOS"是作为国际通用的紧急呼救信号，而近来却被人们用来呼救土壤的口号——Save Our Soil，简称"SOS"！

是时候了，我们要学会摒弃虚荣、浮躁和无知，回归真实、从容和淡定！

是时候了，我们要学会尊重自然、尊重大地，保护环境了！

1972年10月，第27届联合国大会通过决议，将每年的6月5日定为世界环境日。每年联合国会根据当年主要的世界环境问题及环境热点，有针对性地制订世界环境日的主题。1988年联合国提出的世界环境日的主题是："保护环境、持续发展、公众参与"。我国邮电部门在1988年的世界环境日发行了T127"环境保护"邮票。4枚邮票重点宣传了"保护土壤环境"、"保护大气环境"、"保护水环境"和"防治噪声污染"四个与人类息息相关的环保内容。第一枚"保护土壤环境"选用绿色的大树和草地代表土壤和环境，人类的手挡住了外来的污染，表明保护土壤环境的关键在人。

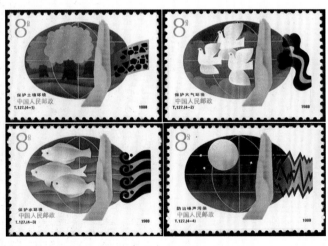

环境保护，中国，1988

联合国人类环境会议二十周年，
中国，1992

1970 年美国发行了"拯救我们的土壤与环境"邮票 4 枚。

拯救我们的土壤与环境，美国，1970

环境保护·土壤，巴西，1981

环境保护·防治土壤污染，荷兰，1991

世界环境日，印度，1977

联合国环境规划署成立 10 周年，保加利亚，1982

世界环境日，法国，2009

环境保护，德国，1973

保护土壤就是保护生命，智利，1986

保护自然环境，葡萄牙，1971

4.2 严防水土流失

　　水土流失是指由于自然或人为因素的影响，雨水不能就地消纳而顺势下流冲刷土壤，造成水分和土壤同时流失的现象。主要原因是地面坡度大、土地利用不当、地面植被遭破坏、耕作技术不合理、土质松散、滥伐森林和过度放牧等。我国是水土流失最严重的国家之一，流失历史久、面积广，水蚀和风蚀面积 294.9 万平方千米，占普查面积的 31.12 %。

红色黏土严重的片状侵蚀，江西泰和（崔荣浩 史德明 摄）

土壤侵蚀导致生物多样性锐减（崔荣浩 史德明 摄）

土壤水蚀，阿根廷，2010

土壤风蚀，阿根廷，2010

侵蚀作用形成的沟壑，南非，1989

水土流失，土耳其，1997

4.3 土壤保持措施

　　针对水土流失的问题，人们采取了一系列的预防和治理措施来保持土壤。土壤保持的主要措施可以分为工程措施、生物措施和蓄水保土三类。具体方法包括修筑梯田，实行等高耕作、带状种植，进行封山育林、植树种草，以及修筑谷坊、塘坝和开挖环山沟等，借以涵养水源，减少地表径流，增加地面覆盖，防止土壤侵蚀，促进农、林、牧、副业的全面发展。

第二次全国土地调查，中国，2008

水土保持，美国，1984

土壤保持，莱索托王国，1971

保持我们的土壤，澳大利亚，1995

土壤保持，美国，1959

保护土壤，南非，1985

保护耕地，中国，1996

保护自然资源·土壤，委内瑞拉，1968

保护森林，保持水土，中国台湾，1984

4.4　发展水利，改良土壤

通过兴建和运用大型水利工程，不仅可以调节、改善农田土壤水分状况和地区水利条件，提高抵御天灾的能力，促进生态环境的良性循环，使之有利于农作物的生产，还能够为航运、水力发电创造条件。从我国古代的灵渠、都江堰的修建，到现代的南水北调、长江三峡工程建设，都对整个流域较大范围内的环境和人民生活产生了巨大而有利的影响。

灵渠，中国，1998

南水北调工程开工纪念，中国，2003

都江堰，中国，1991

长江三峡工程·截流，中国，1997

京杭大运河，中国，2009

新中国治淮六十周年，中国，2010

4.5 蓄水保土的梯田

为了在起伏的山地丘陵区域，充分利用土壤资源进行生产，人们在生产实践中发明了梯田。梯田也是治理坡耕地水土流失的有效措施，蓄水、保土、增产作用显著。

中国至少在秦汉时期就开始有梯田。梯田主要分布在南方丘陵地区，南方各省都有其知名的梯田景观，其中尤以云南省红河哈尼族彝族自治州元阳县的红河哈尼梯田和广西壮族自治区桂林市龙胜各族自治县的龙脊梯田最为著名，这两处梯田也作为重要的农业文化遗产景观荣登邮票的方寸之间。

广西龙胜梯田（徐宁 摄）

广西龙胜梯田（崔荣浩 摄）

云南梯田的金色田埂（徐宁 摄）

元阳梯田云雾翻涌（张楚 摄）

土壤：地球的皮肤

梯田之美可以用以下诗句形容：

山有多高，田有多高，

梯田美景，四季如画，

潇洒流畅，气势恢宏，

是汗水灌溉的人间仙境。

湘西紫鹊界梯田（杨纪翔 摄）

多依树万亩梯田气势磅礴（徐宁 摄）

甘肃榆中梯田近景（刘峰 摄）

远观渝中万亩梯田（刘峰 摄）

红河哈尼梯田，中国香港，2015

美丽中国·龙胜梯田，中国，2013

国外也有许多梯田，多集中在同样以水稻为主食的东南亚国家，如菲律宾巴纳韦水稻高山梯田（作为菲律宾的世界文化遗产多次登上邮票）、印尼巴厘岛的德格拉朗梯田等。但在其他国家也有不种植水稻的梯田，如瑞士拉沃葡萄园梯田、葡萄牙杜罗河老葡萄园梯田等。

巴纳韦梯田，菲律宾，1932～2000

老葡萄园梯田，葡萄牙，2016

4.6　荒漠化治理

4.6.1　防治荒漠化乃当务之急

　　中国是世界上荒漠化最严重的国家之一。其中尤以沙漠化危害最为严重，并且沙漠面积还在持续扩大蔓延。荒漠化造成生态系统失衡，可耕地面积不断缩小。根据第五次全国荒漠化和沙化监测结果，全国荒漠化土地面积 261.16 万平方千米，占国土面积的 27.20%，沙化土地面积 172.12 万平方千米，占国土面积的 17.93%。荒漠化给生产和生活带来严重的负面影响。

巴丹吉林沙漠，中国，2004

防治荒漠化，中国，2004

荒漠化，南非，1989

世界防治荒漠化日，巴西，1996

塔克拉玛干沙漠（鞠兵 摄）

青海玉树草甸逐渐荒漠化（赵霞 摄）

4.6.2 不同类型的干旱土荒漠化景观

钙积正常干旱土（灰漠土），内蒙古阿拉善左旗

石膏正常干旱土（灰棕漠土），内蒙古额济纳旗

石膏寒性干旱土景观，青海格尔木（王帅 摄）

钙积寒性干旱土景观，西藏阿里（鞠兵 摄）

石灰干旱砂质新成土景观，宁夏沙坡头（骆国保 摄）

4.6.3　人为利用不当引起的荒漠化

　　荒漠化现象可能是自然原因引起的。地球干燥带移动，所产生的气候变化会导致局部地区荒漠化。但当前世界各地荒漠化原因，多数归咎于人为利用不当。过度放牧、过度农垦、过度樵采以及过度开采地下水等粗放掠夺式的生态经营方式都会导致荒漠化。人为破坏地表覆盖，将导致水分难以涵养，不利于地表气流的抬升；同时地表反射率也会急剧增加，下沉气流盛行，最终导致气候更加干旱。因此人为原因导致的荒漠化要比自然原因所形成的荒漠化更为迅速、直接，危害也更为严重。

塔克拉玛干沙漠中的流动风沙土（樊自立 摄）　　　　盲目开垦造成土地沙化（樊自立 摄）

沙丘上红柳被挖走，使固定沙丘活化（樊自立 摄）　　河水断流，胡杨枯死，土地遭受轻度沙化（樊自立 摄）

4.6.4　荒漠化土壤的治理

　　荒漠化土壤的治理主要是在防治沙害基础上，采取改良土壤措施。具体方法包括：调整不利于生态环境良性循环的土地利用结构；采取分区轮作或轮收，限制载畜量；封育荒漠化的弃耕地和退化草场，使植被恢复；采用植物固沙为主、工程措施固沙为辅的固沙方法。

草方格固定砂质新成土，宁夏沙坡头（龚子同 摄）　　　风沙土壤的改良（固沙格网），宁夏中卫市

固沙石方格效果初现，雅砻江支流附近山坡（杨飞 摄）

风沙土改良（乔木灌木结合），内蒙古库布齐沙漠北缘　　　固定风沙土的景观，车尔臣河中游（樊自立 摄）

沙漠腹地的克里雅河河滩芦苇草甸潮土（樊自立 摄）

修筑草方格，毛里塔尼亚，1984

埋草固沙，尼日尔，1988

阳光普照下沙退人进（崔荣浩 摄）

4.6.5　沙漠植物恢复与生长

　　沙漠并非毫无生机，本身也有许多特有的沙漠动植物，而且只要坚持治理，沙漠也能成为供植物生长的优良土壤。具体措施包括防风固沙，留住水分，增加地表植被等。

沙漠植物，中国，2002

沙漠绿化，中国，1994

沙漠植物，美国，1981

索诺拉沙漠及其生物，美国，1999

4.6.6 沙漠地区的特殊灌溉方式

坎儿井就是西北干旱区一种独特而结构巧妙的水利工程形式，是一种特殊的地下灌溉系统。坎儿井不因炎热、狂风而使水分大量蒸发，因而流量稳定，保证了自流灌溉。坎儿井的修建使得很多原本应为沙漠的极端干旱地区也有了成为绿洲的可能。

坎儿井明渠   坎儿井构造模型

4.7 土壤与盐碱治理

土壤盐碱化主要出现于滨海地区和内陆干旱地区。据全国第二次土壤普查数据，我国盐碱化土壤面积约 3.6×10^7 hm^2，占全国可耕土地的 4.88%。

4.7.1 美丽中国——盘锦红海滩

滨海地区由于受海水长期浸渍影响而发生盐碱化，形成滨海盐渍土。辽宁盘锦的红海滩就是在滨海盐渍土上生长大片红色碱蓬草而形成的自然景观。

美丽中国·盘锦红海滩，中国，2013

《渤海粮仓科技示范工程》邮票体现了中低产田和盐碱荒地农业增产、增收的显著效果，此外画面中的无人机田间检测仪等新技术，也体现了基于现代农业技术背景下的传统农业技术变革。

　　2020 年，共和国勋章获得者、中国工程院院士、"中华拓荒人计划"发起者袁隆平院士提出并启动了海水稻"十百千工程"，通过在盐碱地种植杂交选育的海水稻，将低产的盐碱地改造成良田。在启动会的致辞中，袁隆平院士表示："我们在全国总计推广海水稻 10 万亩，开展盐碱地改造 100 万亩，力争在全国布局 1000 万亩的盐碱地改造项目，为带动全国改造 1 亿亩打下坚实的基础。"

渤海粮仓科技示范工程，中国，2017

潍坊十万亩海水稻种植基地

4.7.2 酸性硫酸盐土

酸性硫酸盐土是热带亚热带沿海红树林植被下形成的具有硫化物及硫酸盐积累的强酸性土壤。而酸性硫酸盐土经围垦种植水稻后会形成的一种呈强酸性、兼有咸害的低产土壤，称为"反酸田"。

广东红树林与酸性硫酸盐土   反酸田锈色田面水

4.7.3 各地不同类型的盐土

治理盐碱化主要是通过因地制宜地改良和开发利用盐碱化土地，取得变害为利的效果。基本途径是科学地进行农田灌溉，并建立有效的农田排水系统，使地下水水位保持在临界水位以下，防止盐分在土壤中大量积聚。

银色世界，青海格尔木（李德成 摄）

结壳潮湿正常盐成土景观，西藏那曲（崔荣浩 摄）

海积潮湿正常盐成土景观，山东胜利油田
（崔荣浩 摄）

内陆潮湿盐土，宁夏银川平原（陈志诚 摄）

4.7.4 各地不同类型的碱土

龟裂土景观，新疆沙丘间低平光板地（曹升庚 摄）

龟裂土地表形态，新疆沙湾（曹升庚 摄）

漠境地带镁质碱土，甘肃酒泉（王遵亲 摄）

瓦碱土（结皮碱土），黄淮海平原（王遵亲 摄）

草甸草原柱状碱土，松嫩平原（吕跃双 摄）

草原草甸柱状碱土的柱状构造碱化层，松嫩平原（石元亮 摄）

098

4.7.5 盐湖和盐壳

内陆地区的土壤盐渍化主要发生在干旱和半干旱地带（例如盐湖周围）。由于气候干旱，地面蒸发作用强烈，土壤母质和地下水中所含盐分随着土壤毛细管水上升而积聚于地表，土壤发生盐渍化。

此外，大量盐分的集聚会在地表形成坚硬的盐壳。甚至可以在盐壳上开辟公路。

茶卡盐湖，中国，2018

乌尤尼盐沼，玻利维亚，2007

山西运城七彩盐湖（董学涛 摄）

罗布泊的盐壳景观（赵玉国 摄）

盐壳公路使罗布泊湖心区天堑变通途，对促进钾盐资源开发具有重要作用（夏训诚 摄）

4.8 因地制宜的土地利用

4.8.1 我国古代土地利用方式

我国具有数千年的农业历史，先民在长期的生产实践中已注意到土壤与植物、地形等自然因素之间的相互关系，并因此发展出一系列特殊的土地利用方式。

先秦著名典籍《管子》一书中记载道："凡草土之道，各有谷造。或高或下，各有草土……凡彼草物，有十二衰，各有所归。"其意为，土壤形成与植物生长都顺应自然规律，不同的地形、高度，分布不同类型的土壤与植物……根据土壤与植物的不同状况，可以划分到 12 个不同的高程类别，并且各自有其特点。由此可见，早在两千多年前，先民就已经认识到了土壤-植物的垂直分布现象，并且注意到随地形的起伏而引起的植物变化。

此外，我国先民已经注意到根据地形条件构建不同形式的农田。成书于元代皇庆二年（1313 年）的《王祯农书》，对田进行了详细的分类，将田分为区田（旱地挖区而种，能提高保水保肥能力）、圃田（专供种蔬菜和种果树的田）、围田（在低洼地、沼泽地、陂塘、湖泊、河道边旁滩地等，用挑土修筑堤岸的办法，将地围起来开辟为农田）、柜田（在低洼地、沼泽地、陂塘、湖泊、河道边旁滩地等，采用筑土修堤岸的办法，将易遭洪水淹没的地方围起来，开辟为旱涝保收的农田。但其规模要比围田小，其形状又如"柜"，所以叫"柜田"）、架田（是以木架为田，浮于水面上，上用腐殖土放在木架上进行种植）、梯田（即梯山为田）、涂田（即以海涂为田，也就是滨海盐土）、沙田（即以江河傍岸沉积起来的沙滩和沙洲为田）等不同类型。

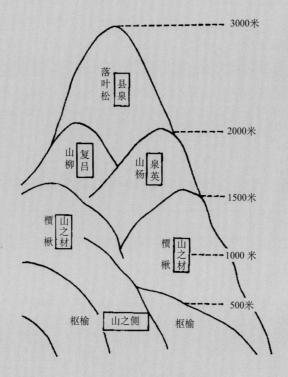

《管子·地员篇》山地植物垂直分布图

（引自夏纬瑛《管子·地员篇校释》）

茅　菆　薛　萧　荓　萎　蘁　苇　蒲　莞　蘱　叶

十二种植物分布示意图

（引自夏纬瑛《管子·地员篇校释》）

4　保护土壤就是保护人类自身

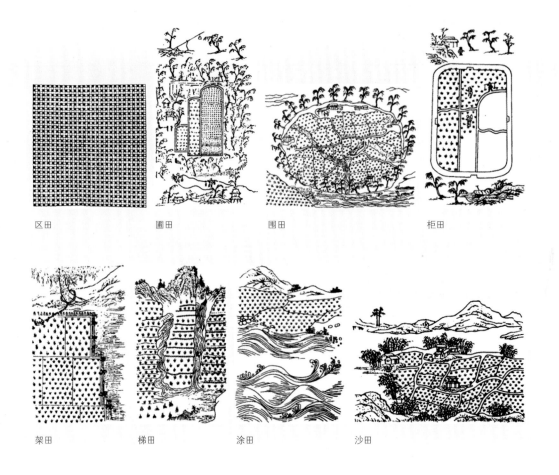

区田   圃田   围田   柜田

架田   梯田   涂田   沙田

4.8.2 江南丘陵地林茂粮丰

我国江南红壤区丘陵面积约 60 万平方公里，那里温暖湿润，生产潜力大，适于发展亚热带作物。长期以来，当地群众因地制宜地进行"顶林、腰果、谷农、塘鱼"或"山、水、林、田、路"式的综合利用，推动了名特优农产品的生产，促进了新农村经济的发展。

绿化祖国·林茂粮丰，中国，1990

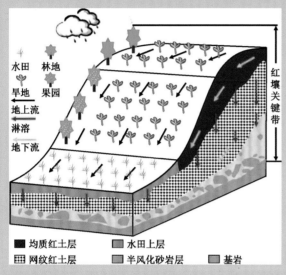

水田　林地
旱地　果园
地上流
淋溶
地下流

红壤关键带

■ 均质红土层　　■ 水田上层
▥ 网纹红土层　　▤ 半风化砂岩层　　▦ 基岩

红壤关键带结构示意图（杨顺华 绘）

江南某地丘陵区水田

4　保护土壤就是保护人类自身

湖南桃源新建丘陵区水田

湘西紫鹊界梯田（杨纪翔 摄）

a. 丘陵河谷区

b. 丘陵沟谷区

c. 山区

三种不同地形区土壤的阶梯式分布（龚子同等，1983）

4.8.3　丘陵区的茶园和胶茶间作

　　我国丘陵地区多为热带或亚热带季风气候，雨热同期，热量充足，适合种茶。而胶茶间作是指在热带地区茶园内种植橡胶树，形成人工复合生态茶园的种植模式。茶树与橡胶树组合在光照、气温、土壤养分状况等方面比单一种植的效果更加协调。茶胶同时种植，有利于茶树成园。也有以橡胶为主，在胶园中种植茶树的栽培模式，作为橡胶树受台风或低温侵袭后的经济补偿。

红黄壤丘陵区的茶园，贵州（崔荣浩 摄）

砖红壤地区的橡胶林、茶树间作，西双版纳热带植物园

4.8.4　低洼地的垛田和桑基鱼塘

垛田是我国南方沿湖或河网低湿地区用开挖网状深沟或小河的泥土堆积而成的垛状高田，以江苏省泰州市兴化市里下河地区的垛田最为典型。垛田地势较高、排水良好、土壤肥沃疏松，宜种各种旱作物，尤适于蔬菜生产。

桑基鱼塘是我国珠三角地区为充分利用土地而创造的一种挖深鱼塘、垫高基田、塘基植桑、塘内养鱼的高效人工生态系统。

美丽中国·兴化垛田，中国，2013

顺德桑基鱼塘人工生态系统

4.8.5 海南岛和南海诸岛土壤利用

中国是一个海洋大国，南海有中国第二大岛海南岛以及南海诸岛。其中海南岛土壤不仅受热带气候影响强烈，土壤分布受地形影响也极为明显，地带性土壤主要为砖红壤，适合各种热带作物的种植。

海南特区建设，中国，1998

海南博鳌，中国，2008

海南五指山，中国，1988

海南天涯海角

西沙岛屿，中国，2004

三沙七连屿，中国，2013

南海诸岛成土过程则更为特殊，主要表现在成土物质的富钙性、生物作用的特殊性以及积盐和脱盐过程交替性等方面。研究发现，南海诸岛是一个独特的富磷生态系统，土壤是这个生态系统的纽带，呈不对称的同心圆式分布。土壤本就是不可再生资源，而南海诸岛土壤具有面积小、形成所需时间长、基础肥力不高的特点，土壤更显珍贵。

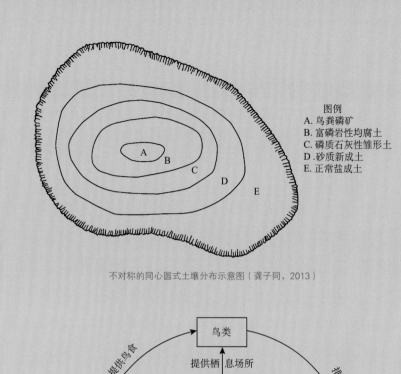

图例
A.鸟粪磷矿
B.富磷岩性均腐土
C.磷质石灰性雏形土
D.砂质新成土
E.正常盐成土

不对称的同心圆式土壤分布示意图（龚子同，2013）

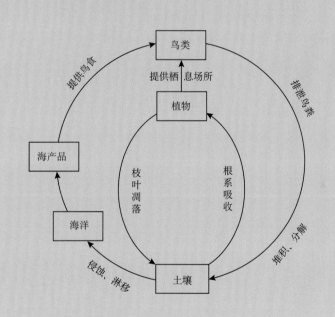

海岛生态系统中与富磷土壤形成相关的物质循环（龚子同，2013）

4.9　大平原的开发利用

我国有许多大平原如东北平原、华北平原、长江三角洲平原和珠江三角洲平原等。
它们不仅是我国经济发达地区，也是我国重要的粮仓。

4.9.1　东北平原

对于大平原土地利用，东北平原的北大荒开发是一个最典型的例子。20 世纪 50 年代以来我国对三江平原、黑龙江沿河平原及嫩江流域广大荒芜地区进行大规模开垦，经营农场，才使得北大荒变成了如今的北大仓。

东北大平原鸟瞰图（宛凌迅　摄）

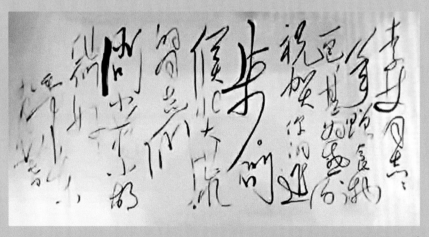

毛泽东为北大荒人题字[1]

---

① 引自黑龙江八一农垦大学《张之一回忆录》372 页。

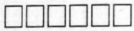

纪念北大荒开发建设六十周年邮票及信封，中国，2007

2018年，习近平总书记在黑龙江考察时指出，"要加快绿色农业发展，坚持用养结合、综合施策，确保黑土地不减少、不退化。"2020年在吉林考察时，习近平总书记又强调指出，"采取有效措施切实把黑土地这个'耕地中的大熊猫'保护好、利用好，使之永远造福人民。"

世界上的黑土（主要是黑钙土、黑土和湿草原土）共四大区。其中俄罗斯—乌克兰大平原，面积约180万平方公里；我国东北地区，面积近20万平方公里；美国密西西比河流域，面积为70万平方公里；阿根廷和乌拉圭的潘帕斯（Pampas）草原，面积为50万平方公里。

黑土学者

宋达泉（1912～1988）潜心研究中国"黑土"数十年。比较了中、俄、美黑土异同，他指出我国黑土不同于俄罗斯的黑钙土和美国的湿草原土，它生态条件优越，潜力大，并将其定名为黑土。宋达泉与我国科学工作者一起对我国黑土的开发利用作出了重大贡献。

黑龙江流域考察，左二宋达泉

20世纪50年代中苏黑龙江资源考察王淦昌（右一）、宋达泉（左一）、竺可桢（右三）、冯仲云（左三）

北大荒（1958）

肖笃宁

绿和黑是关东大地的原色，

犁和铧划破了缤纷的五花草塘，

流油的黑土地是那样的肥沃，

三年不上粪照样也打粮，

农垦战士来到这里安营扎寨，

拖拉机驱走了狍子和野狼，

丰收的田野奉献出粮食和大豆，

今日北大荒即将变成北大仓。

北大荒忆昔（2012）

徐琪

白山黑水绕兴安，千里荒原湿草滩。　　中兴会馆举义旗，废帝共和曙光现。

林海雪原多宝藏，女真大汗窥中原。　　军阀混战年连年，睡狮梦中遭劫难。

多尔衮氏兴帝业，入主中原三百年。　　东方日出西边雨，共产大业拯国难。

部族争斗续皇位，演义戏说充文坛。　　为建伟业需戍边，开垦黑土增良田。

女皇弄泉宫庭乱，两慈艳斗明又暗。　　松嫩平原土肥美，大建农场扩财源。

维新壮举遭扼杀，六君幼帝祭国难。　　短短创业半世纪，荒滩建成米粮川。

可叹中华灿烂史，丧权失地又赔款。

八旗弟子今何在，红楼梦里大观园。

保护培育黑土[①]

2009 年开始，中国科学院、中国农业大学等以梨树县黑土区为测试点，与当地农业部门一起，实施黑土地保护性耕作的"梨树模式"。

"不用铲，不用蹚。省钱、省力、还保墒。"这是当地农民对保护性耕作的评价，其中包括收获与秸秆覆盖、土壤疏松、免耕布种与施肥、病虫害防治的全程机械化技术体系。

目前，保护性耕作技术在梨树县 70% 以上耕地实现，并推广至黑龙江省、辽宁省以及内蒙古一些地区。

4.9.2　华北平原

华北平原主要是黄河下游的冲积平原，也承受北部和西部其他河流积物。一般土层深厚、地势平坦开阔，为我国重要农业地区之一，既便于灌溉，又适宜机耕，农业生产前景广阔，但因春旱夏涝和土壤盐渍化，影响地区农业生产的稳定和发展。

华北平原鸟瞰图

---

① 引自"土壤观察"公众号文章（"梨树模式"——保护培育黑土地），文章发布于 2020 年 8 月 26 日。

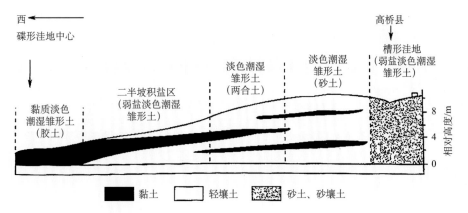

华北平原扇形土壤组合纵切面（熊毅等，1987）

图中标注：

西 ←
碟形洼地中心

高桥县
槽形洼地
（弱盐淡色潮湿
雏形土）

淡色潮湿
雏形土
（砂土）

淡色潮湿
雏形土
（两合土）

二半坡积盐区
（弱盐淡色潮湿
雏形土）

黏质淡色
潮湿雏形土
（胶土）

相对高度/m
8
4
0

■ 黏土　□ 轻壤土　▨ 砂土、砂壤土

　　中国科学院南京土壤研究所在封丘建成以改造中低产田为核心的万亩农业综合开发样板，使粮食单产由 20 世纪 70 年代中期每亩 200 公斤上升至每亩 700 公斤，为国家粮食安全作出重大贡献。难能可贵的是，1989 年我国学者在中科院封丘农业生态实验站也进行了长期试验，至今已有 30 多年的历史，研究者据此写出了许多有价值的论文。

20 世纪 50 年代黄淮海平原
盐碱荒地原貌

20 世纪 80 年代建成的河南封丘
潘店万亩丰产方

2011 年河南封丘潘店
万亩示范区新貌

为了开发水利资源、发展灌溉农业和发挥土壤潜力,中国科学院、原水利电力部和农业部合作进行了华北平原农业综合开发,取得了丰硕的成果,受到了国务院表彰。其中,中国科学院与农业部、水利部合作开展的"黄淮海平原中低产地区综合治理的研究与开发"获 1993 年国家科学技术进步奖特等奖;中科院南京土壤研究所开展的"黄淮地区农田地力提升与大面积均衡增产技术及其应用"获 2014 年国家科学技术进步奖二等奖。

"黄淮海平原中低产地区综合治理的研究与开发"曾获国家科学技术进步奖特等奖

熊毅（前排左二）、席承藩（前排右一）
与华北平原土壤调查总队部分成员合影

《华北平原土壤》熊毅，席承藩等著

熊毅（中）与参加华北平原土壤调查的苏联
土壤学家柯夫达、格拉西莫夫合影，1955

5

以土
会友，合作共赢

土壤在地球表面连续分布，本身并无明显的分界线，但不同国家的自然环境、耕作制度和土地利用方式等方面具有诸多差异，各国土壤类型、分布与景观都各具特点。此外，不同国家、不同文化对土壤的观察、认识和理解也不尽相同，从而形成了不同的土壤科学研究体系，例如不同的土壤分类系统、土壤利用技术和水土保持措施等。

为了促进对全球土壤这一整体的理解，相互交流学习各国土壤学研究的先进经验，我们需要以土会友，才能合作共赢。下面就让我们从各国邮票的方寸之间，领略土壤之友的别样风采。

5.1 亚洲

5.1.1 中国

中国是具有数千年历史的农耕文明古国，我们的文明中处处体现着对土壤的重视，至今积累了大量有关土壤、农业和生态环境等方面的知识和经验，并发行了许多相关的邮票（详见其他章节）。

同时，中国在世界土壤文化的交流上也起到了至关重要的作用。众所周知，中国古代开辟了"丝绸之路"，极大地促进了世界各国的文化、经济的沟通和交流。而且

2013 年习近平总书记在"丝绸之路"这条古代商业贸易路线基础上提出了"一带一路"倡议，即构建"丝绸之路经济带"和"21 世纪海上丝绸之路"，最终构建一个互惠互利的利益、命运和责任共同体。倡议提出至今，已经在全世界范围产生了巨大的积极影响。

"一带一路"是经济合作的贸易之路，是政治互信的和平之路，是文化包容的和谐之路，更是各国土壤学相关研究相互交流学习的友谊之路。下面我们就从邮票上纵览"一带一路"沿线的风光。

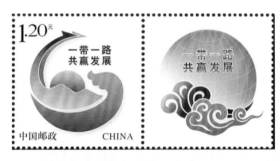

"一带一路"国际合作高峰论坛，中国，2017

一带一路，共赢发展，中国，2017

丝绸之路上的世界遗产，联合国，2017

"丝绸之路经济带"是在古代陆上丝绸之路概念基础上提出的一个新的经济发展区域。陆上丝绸之路起源于西汉，汉武帝派张骞出使西域开辟的陆上通道，以西汉首都长安（今西安）为起点，经凉州、酒泉、瓜州、敦煌、新疆，再经中亚国家、阿富汗、伊朗、伊拉克、叙利亚等而达地中海，以罗马为终点，全长6440千米。这条路被认为是连结亚欧大陆的古代东西方文明的交汇之路，而丝绸则是最具代表性的货物。

丝绸之路，中国，2012

中国第一套邮票，大龙邮票三枚全，1878

张骞凿通西域、开辟丝路，中国，2017

丝路上玄奘西行求法，东归译经，中国，1997

丝路起点·西安大雁塔，中国，1994

丝路起点·西安城墙，中国，1997

5　以土会友，合作共赢

丝路新貌·兰新铁路，中国，1995

由陶土烧成的秦始皇陵兵马俑，中国，1983

嘉峪关，中国，1999

丝路文化宝库·敦煌石窟，中国香港，2011

丝路中的楼兰故城遗址，中国，2010

土壤：地球的皮肤

丝路文化瑰宝·敦煌壁画，中国，1994

敦煌壁画·出使西域，中国，1992

新疆天山天池景观，中国，1996

丝路新貌·喀什古城，中国，2018

　　"21世纪海上丝绸之路"是在古代海上丝绸之路的基础上提出的构想。海上丝绸之路形成于秦汉时期，发展于三国至隋朝时期，繁荣于唐、宋、元、明时期，是已知的最为古老的海上航线。明朝时郑和下西洋更标志着海上丝绸之路发展到了极盛时期。这一航线从广州、泉州、宁波、扬州等沿海城市出发，经中南半岛和南海诸国，穿过印度洋，进入红海，抵达东非和欧洲，途经100多个国家和地区，成为中国与外国贸易往来和文化交流的海上大通道，并推动了沿线各国的共同发展。

郑和下西洋 600 周年（1），中国，2016

郑和下西洋 600 周年（2～4），中国，2016

海上丝绸之路，中国，2016

与世界各国土壤学家通信邮票

自"一带一路"倡议提出以来，沿线各国在农业、水土保持、沙漠治理、环境保护等土壤学相关领域进行了深入合作，为这片古老的沃土注入了新的"养分"和"生机"。

5.1.2 日本

日本是一个多山的岛国，山地呈脊状分布于日本的中央，将日本的国土分割为太平洋一侧和日本海一侧，山地和丘陵占总面积的71%，大多数山为火山。国土森林覆盖率高达69%。富士山是日本的最高峰，海拔3776米，被日本人尊称为"圣岳"。属温带海洋性季风气候，终年温和湿润。6月多梅雨，夏秋季多台风。

日本矿产资源贫乏，但林业和渔业资源丰富，森林覆盖率高达69%，是世界上高森林覆盖率的国家之一。日本耕地稀少，土壤贫瘠破碎，主要为火山灰土、泥炭土以及盐碱土，大部分冲积土已开垦为水田，形成特殊的水田土壤。粮食自给率低，但农业生产现代化程度高。

中日实现邦交正常化以后，土壤科学的交流日益加强。1978 年中国科学院农业代表团访问日本；1983 年日本土壤学家川濑金次郎和菅野一郎两人将《中国土壤》译为日文；1990 年我国土壤学家支持并出席日本土壤学会举办的第 14 届国际土壤学大会，并组织了会后考察。会上赵其国作大会发言，于天仁、龚子同分别主持土壤化学和东亚土壤地理分会场会议。中日土壤学家互访频繁，其中包括日本土壤学家久马一刚、长谷川、永塚镇男、梅村、近藤鸣雄、高井康雄、松井健和小畸隆等。日本土壤学会出版的 *Pedologist* 经常刊登中国土壤学者的论文，更促进了彼此了解。

中日邦交正常化 30 周年纪念，日本，2002

农业灾害补偿 50 周年纪念，日本，1997

苗圃，日本，2011

国际减轻自然灾害 10 年计划，日本，1990

富士山与自然景观，日本，2018

5.1.3　朝鲜

朝鲜位于东亚朝鲜半岛北部，东濒日本海，西南临黄海。境内多山，山地约占国土面积 80%，地势北部和东部高亢，西部和南部渐次降低。属温带东亚季风气候，夏季温热多雨，冬季寒冷干燥。朝鲜集中力量发展粮食生产，粮食生产以水稻和玉米为主。推行种子改良和二熟制，扩大土豆、大豆种植。

朝鲜是我国的近邻，两国之间交往频繁。两国土壤学家在农业土壤普查和土壤地球化学等方面都有过深入探讨。

庐山与金刚山，中国-朝鲜，1999

长白山景观，朝鲜，2013

丰收的农妇，朝鲜，2008

丰收的田野，朝鲜，2009

5.1.4 韩国

　　韩国位于亚洲大陆东北部、朝鲜半岛南半部，东、南、西三面环海。境内地形多样，低山、丘陵和平原交错分布。属温带季风气候，四季分明。现有耕地面积 175.9 万公顷，主要分布在西部和南部平原、丘陵地区。

武术与跆拳道，中国–韩国，2002

自然风光，韩国，2011

灌溉工程和农场，韩国，1971

5.1.5 印度

　　印度是南亚次大陆最大的国家。全境炎热，大部分属于热带季风气候，而印度西部的塔尔沙漠则属于热带沙漠气候。平缓地形在全国占有绝对优势，不仅交通方便，而且在热带季风气候及适宜农业生产的冲积土和热带黑土等肥沃土壤条件的配合下，大部分土地可供农业利用，农作物一年四季均可生长，有着得天独厚的自然条件。

印度地质调查 100 周年，印度，1951　　　白马寺与大菩提寺，中国-印度，2008

泰姬陵，印度，2004　　　土豆研究 50 周年，印度，1985　　　植树造林，印度，1984

5.1.6　泰国

　　泰国是世界上稻谷和天然橡胶的主要出口国，农业是泰国传统经济产业。泰国全国可耕地面积约占国土面积的 41%，主要农产品有大米、橡胶、木薯、玉米和热带水果等。目前泰国农业格局为"南胶中米北丝"，基本形成南部橡胶、中部稻谷、北部桑树三个主流农业区域。泰国有大面积的热带土壤和水耕人为主。

中泰建交 20 周年，中国–泰国，1995

国王 86 岁诞辰土壤改良计划及奖章，泰国，2013

水稻耕作，泰国，1999

大米脱粒，泰国，1984

5.1.7　印度尼西亚

印度尼西亚（简称印尼）位于亚洲东南部，地跨赤道，其70%以上国土位于南半球。印尼是世界上最大的群岛国家，由太平洋和印度洋之间约17508个大小岛屿组成，别称"千岛之国"。也是多火山多地震的国家。面积较大的岛屿有加里曼丹岛、苏门答腊岛、伊里安岛、苏拉威西岛和爪哇岛。属典型的热带雨林气候，年平均温度25～27℃，降水丰富，无四季分别。

印尼是一个农业大国，气候湿润多雨，日照充足，农作物生长周期短，主要经济作物有油棕榈、橡胶、咖啡、可可，是全球最大的棕榈油生产国。印度尼西亚分布有大面积的热带土壤和有机土。

"千岛之国"，印度尼西亚，2019

舞龙舞狮，中国–印度尼西亚，2007

水稻插秧，印度尼西亚，1949

农业生产，印度尼西亚，1993

5.1.8 马来西亚

马来西亚位于东南亚，国土被中国南海分隔成东、西两部分，即马来半岛（西马）和加里曼丹岛北部（东马）。地形主要是平原，地面平坦、起伏较小。因其位于赤道附近，属于热带雨林气候和热带季风气候，无明显四季之分，年温差变化极小，全年雨量充沛，土壤风化度高。马来西亚农产品以经济作物为主，主要有油棕榈、橡胶、可可、稻米、胡椒、烟草、菠萝、茶叶等。

珍稀花卉，中国－马来西亚，2002

中国－马来西亚贸易交往 600 周年，马来西亚，2005

油棕榈种植，马来西亚，1966　　　　　　　　马来西亚橡胶研究所，马来西亚，1975

5.1.9　新加坡

新加坡是东南亚的一个岛屿国家，别称为狮城、星洲或星岛。国土面积仅有719平方公里，整个国家即是一座城市，有"花园城市"的美誉。地处热带，长年受赤道低压带控制，为赤道多雨气候，气温年温差和日温差小。由于土地稀少，土壤贫瘠，地形不平坦多起伏，淡水资源短缺，新加坡大力发展的是独具特色的都市农业。种植结构上，以高产值的花卉、果树为主。

鱼尾狮，新加坡，2006

花园城市新加坡，2013

福建帆船，新加坡，1980　　　　　　　　　　　新加坡景色，中国−新加坡，1996

5.1.10　菲律宾

　　菲律宾是东南亚一个多民族群岛国家。地形多以山地为主，占总面积四分之三以上。群岛内的大多数岛屿都是起源于火山，总共有 200 多座火山，有大约 26 座活火山。吕宋岛东南的马荣火山是最大的活火山。菲律宾上一次火山大喷发发生在 1991 年，当时皮纳图博火山喷发是 20 世纪第二大陆地火山喷发，其影响是世界性的。因此，菲律宾发行了一系列以火山为特色的邮票，以提高人们对火山喷发影响的认识。

　　菲律宾属季风型热带雨林气候。高温、多雨的气候条件以及火山灰发育而成的土壤，适宜水稻的生长。1960 年国际水稻研究所创建于菲律宾马尼拉，是亚洲历史最长也是最大的国际农业科研机构。中国与国际水稻研究所有长期广泛的学术交流合作。

马荣火山，菲律宾，1971/2008

火山下的水稻田，菲律宾，1969　　菲律宾水稻研究所成立 25 周年，菲律宾，2010

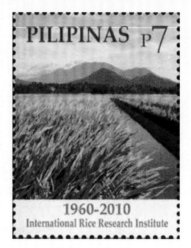

国际水稻研究所成立 50 周年首日封及邮票，菲律宾，2010

5.1.11　越南

　　越南位于中南半岛东部，地形狭长，地势西高东低，境内四分之三为山地和高原。地处北回归线以南，高温多雨，属热带季风气候。越南是传统农业国，农业人口约占总人口的 75%。耕地及林地占总面积的 60%。粮食作物包括稻米、玉米、马铃薯、番薯和木薯等，经济作物主要有咖啡、橡胶、腰果、茶叶、花生、蚕丝等。

　　中越之间土壤学交流历史悠久。1964 年席承藩等首赴越南进行访问和考察，此后 1976 年席承藩与鲁如坤、刘元昌等再赴越南访问考察。1992 年龚子同、张效朴应邀参加于越南湄公河三角洲举行的酸性硫酸盐土国际会议。

农业改革计划，越南，1970　　　　　　　　　耕作，越南，1971

田间劳作，越南，1963　　　　　　水稻收获，越南，1967

5.1.12　巴基斯坦

　　巴基斯坦位于南亚次大陆西北部，国名意为"圣洁的土地""清真之国"。95%以上的国民信奉伊斯兰教，是一个多民族伊斯兰国家。全境五分之三为山区和丘陵，南部沿海一带为沙漠，向北伸展则是连绵的高原牧场和肥田沃土。喜马拉雅山、喀喇昆仑山和兴都库什山这三条世界上有名的大山脉在巴基斯坦西北部汇聚，形成了奇特的景观。其中乔戈里峰是喀喇昆仑山脉的主峰，为全国最高峰，海拔 8611 米。属亚热带、热带气候，气温普遍较高，降水稀少。粮食产量较多，大米、棉花还有出口。由于地处亚热带，水果资源非常丰富，巴基斯坦素有东方"水果篮"之称。

　　巴基斯坦西部气候干旱，农田高度依赖灌溉，曾因长期大量不合理灌溉，地下水位上升，土壤盐碱化一度十分严重，后经当地学者多年研究，发现井灌井排能够有效地降低地下水位，洗脱盐碱。1963 年土壤学家熊毅出访巴基斯坦考察井灌井排技术，为我国黄淮海平原盐碱地治理提供了重要参考。

喀喇昆仑山和喜马拉雅山，巴基斯坦，1985

现代丝绸之路，巴基斯坦，2004

世界粮食计划署成立10周年，巴基斯坦，1973　　联合国粮食及农业组织成立50周年，巴基斯坦，1995

土壤：地球的皮肤

5.1.13　哈萨克斯坦

　　哈萨克斯坦是位于中亚的内陆国，也是世界上最大的内陆国。哈萨克斯坦地形复杂，东南高、西北低，大部分领土为平原和低地。气候属大陆性气候。全国地广人稀，可耕地面积超过 2000 万公顷，土壤类型主要为栗钙土或黑钙土，每年农作物播种面积约 1600 万～1800 万公顷，粮食产量 1800 万吨左右。主要农作物包括小麦、玉米、大麦、燕麦、黑麦。

哈萨克斯坦民族团结，哈萨克斯坦，2015

国家自然公园，哈萨克斯坦，2012

盉壶和马奶壶，中国-哈萨克斯坦，2000

5.1.14　吉尔吉斯斯坦

吉尔吉斯斯坦是位于中亚东北部的内陆国，其国名意为"草原上的游牧民"。境内多山，全境海拔在 500 米以上，其中三分之一的地区为海拔 3000～4000 米。高山常年积雪，多冰川。温带大陆性气候。国民经济以农牧业为主，粮食和棉花生产大多依赖灌溉农业。

伟大的丝绸之路，吉尔吉斯斯坦，2017

吉尔吉斯斯坦与中国历史文化的联系，中国–吉尔吉斯斯坦，2017

西天山景观，吉尔吉斯斯坦，2017

棉花——白色的金子，吉尔吉斯斯坦，2013

5.1.15　塔吉克斯坦

　　塔吉克斯坦共和国位于中亚的东南部，是中亚五国中国土面积最小的国家。境内山地和高原约占国土面积的 93%，素有"山地之国"的称号。全境属典型的温带大陆性气候。农业用地比较紧缺，2005 年的数据显示，可耕地仅占全国土地面积的 6.52%。

7000 米以上山峰，塔吉克斯坦，1997

高山冰川，塔吉克斯坦，2009

5.1.16　土库曼斯坦

土库曼斯坦是中亚五国中地形最为平坦的国家，平原占国土总面积的 85%。气候属于典型的温带大陆性气候，是世界上最干旱的地区之一，国土面积的 70% 为卡拉库姆大沙漠所覆盖，土壤以荒漠土为主。石油天然气资源丰富，天然气储备列世界第五。石油天然气工业为该国的支柱产业。农业方面以种植棉花和小麦为主。畜牧业方面，广阔平原上所产的阿哈尔捷金马（即"汗血宝马"）也是土库曼斯坦的国宝。

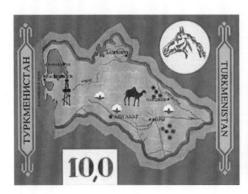

国家地图，土库曼斯坦，1992

荒漠草原上的阿哈尔捷金马，土库曼斯坦，2001

沙漠上的单峰驼，土库曼斯坦，1994

历史古迹，土库曼斯坦，2001

5.1.17 乌兹别克斯坦

乌兹别克斯坦是位于中亚的内陆国家，是著名的"丝绸之路"古国，历史上与中国通过"丝绸之路"有着悠久的联系。乌兹别克斯坦的第二大城市撒马尔罕，意为"肥沃的土地"，是中亚最古老的城市之一，丝绸之路上重要的枢纽城市，有 2500 年的历史，为古代帖木儿帝国的首都。全境地势东高西低，属严重干旱的大陆性气候，但水利基础设施非常发达，广泛发展灌溉农业，灌溉使原有的干旱土、盐渍土转变为更加适宜耕作的土壤。农业支柱产业是棉花种植业，桑蚕业、畜牧业、蔬菜瓜果种植业也占重要地位。

丝绸之路，乌兹别克斯坦，1995，2016

农业生产，乌兹别克斯坦，2001

山地景观，乌兹别克斯坦，2011

5.1.18　阿富汗

　　阿富汗位于亚洲中南部，国名意为"普什图人的地方"，普什图人也是其国内人口最多的族群。阿富汗是世界最不发达国家之一。境内多山，高原和山地占全国面积的五分之四，交通十分不便，西南部多为平原，西南部有沙漠。属大陆性气候，四季分明，昼夜温差较大。农牧业是国民经济的主要支柱，但可耕地还不足农用地的三分之二。

丝绸之路·中阿建交 50 周年，中国–阿富汗，2005　　　　　自然景观，阿富汗，1973

牧民生活，阿富汗，1985

棉花采摘，阿富汗，1989

养牛业，阿富汗，1989

5.1.19 孟加拉国

孟加拉国地处南亚次大陆东北部，南濒孟加拉湾。被称为"水泽之乡"和"河塘之国"，是世界上河流最稠密的国家之一。地处恒河三角洲，地势低平、排水不畅，气候为亚热带季风气候，湿热多雨，是世界上洪涝灾害最严重的国家之一。

孟加拉国农产品主要有茶叶、稻米、小麦、甘蔗、黄麻及其制品、白糖、棉纱、豆油。孟加拉国的气候极适于黄麻的生长，黄麻的生产是孟加拉国的经济命脉，平均年产量约占世界产量的三分之一。黄麻不仅产量高，而且质地优良，纤维绵长柔韧而有光泽，尤其经过布拉马普特拉河清澈河水浸过的黄麻，产量高、质地优、色泽美观柔软，被誉为"金色纤维"。

洪涝灾害，孟加拉国，2007

黄麻田地，孟加拉国，1973

黄麻船运，孟加拉国，1982

5.1.20 蒙古国

　　蒙古国地势高亢，海拔 1000 米以上的地区占全境的大部，其中三分之一为高平原。地势由西北向东南逐渐降低。地形上明显分为西北部高山区、北部山地高原区、东部平原区和南部戈壁区。蒙古国大部分地区属大陆性温带草原气候，季节变化明显，

中蒙友谊——庆祝蒙古人民革命四十周年，中国，1961

丝绸之路与古钱币，蒙古国，2017

纪念 1959 农业改革，蒙古国，2000

冬季长，常有大风雪；夏季短，昼夜温差大；春、秋两季短促。从北至南大体为高山草地、原始森林草原、草原和戈壁荒漠等 6 大植被带。土壤种类以栗钙土和盐成土为主，北部有冻土层。受其气候、地形等因素制约，难以发展种植业，畜牧业是蒙古国的传统产业，也是国民经济的基础。

小麦收割，蒙古国，1981   养羊业，蒙古国，1981

5.1.21 斯里兰卡

斯里兰卡旧称锡兰，是个热带岛屿国家。农业是其经济的支柱产业之一，而该国最重要的出口产品是锡兰红茶。该国亦为世界三大产茶国之一，因此国内经济深受产茶情况的影响。

斯里兰卡的另一大经济支柱在于矿产资源，它是一个宝石富集的岛屿，世界前五名的宝石生产大国，被誉为"宝石岛"。在经济初期阶段，矿业让它有不少初期发展优势，每年宝石出口值可以达 5 亿美元，其中红宝石、蓝宝石及猫眼最出名。"斯里兰卡"在僧伽罗语中意为"乐土"或"光明富庶的土地"，有"宝石王国""印度洋上的明珠"的美称，被马可·波罗认为是最美丽的岛屿。

1989 年 6 月，我国土壤学家于天仁和龚子同一起出席了在斯里兰卡康提举行的热带酸性土壤上水稻生产会议，会议由渍水土壤物理化学权威科学家 F. N. Ponnamperuma 等主持，他们两人分别应邀作了大会发言。

茶叶生产过程，斯里兰卡，1967

锡兰茶生产 150 周年纪念，斯里兰卡，2017

蓬加尔收获节·耕作与收获，斯里兰卡，2014

宝石，斯里兰卡，1976

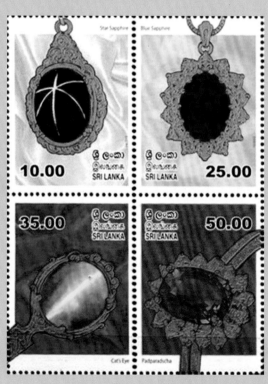

珠宝，斯里兰卡，2015

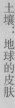

5.2 欧洲

5.2.1 俄罗斯

俄罗斯地跨欧亚两洲，位于欧洲东部和亚洲大陆的北部，是世界上面积最大的国家。地形以平原和高原为主。地势南高北低，西低东高。西部几乎全属东欧平原，大部分地区处于北温带，气候多样，以温带大陆性气候为主，但北极圈以北属于寒带气候。农牧业并重，主要土壤类型为黑钙土，主要农作物有小麦、大麦、燕麦、玉米、水稻和豆类。经济作物以亚麻、向日葵和甜菜为主。

俄罗斯是近代土壤科学的发源地，对世界范围内土壤科学的发展起到了巨大的作用。尤以道库恰耶夫对俄罗斯 180 万平方千米黑钙土的调查揭示了土壤的形成实质，出版了《俄罗斯黑钙土》一书，创建了土壤发生学，从此土壤学就成了一门独立学科，使地学界的面貌为之一新。至今，俄罗斯道库恰耶夫土壤所和卡明草原仍然是中俄土壤学家交流的场所。1958 年苏联土壤学家 И. П. Герасимов（格拉西莫夫）与马溶之合作发表的文章《中国土壤发生类型及其地理分布》和 В. А. Ковда（柯夫达）著陈恩健等译的《中国之土壤与自然条件概论》（1960）反映了中苏土壤学家合作的智慧，在国内外有较大影响。

马鹿，中国–俄罗斯，1999

道库恰耶夫（1864 ～ 1903），苏联，1949 　　　　"秋天的田野"·黑钙土景观，俄罗斯，2009

地质调查 300 周年·赤铁矿，俄罗斯，2000 　　　　森林土壤景观，俄罗斯，2011

名画"烈日下的森林"，林中小道，苏联，1986 　　　　伏尔加河的纤夫，苏联，1969

5.2.2 德国

德国位于欧洲中部，是欧洲邻国最多的国家。德国的地形变化多端，地势北低南高，可分为五个地形区：北部平原，中部山地，西南部莱茵断裂谷地区，南部的巴伐利亚高原和阿尔卑斯山区。处于大西洋东部大陆性气候之间的凉爽的西风带，温度起伏不大。主要土壤类型为棕壤和准棕壤。

德国是近代地理学的发源地之一。出现了多位杰出的地理学家。

亚历山大·冯·洪堡（Alexander von Humboldt，1769～1859）是其中最有影响的科学家之一。1790～1792 年在弗赖堡矿业学院攻读地质学。1799～1804 年赴美洲考察，历时 5 年，行程 15000 千米。1805 年发表《植物地理概念》一书，把植物分布与当地气候和土壤联系起来，建立地带性学说。

另一位德国近代地理学家卡尔·李特尔（Carl Ritter，1779～1859），出生于奎德林堡。1796 年入读哈雷大学，1820 年担任柏林洪堡大学首任地理学教授。他的学术名著为《地球科学与自然和人类历史》。

德国学者在土壤学相关研究上也取得了巨大成就。1840 年李比希（J. Liebig）建立了植物的矿质营养学说；1888 年德国农业化学家黑尔里格尔（H. Hellriegel）和惠尔法斯（H. Wilfarth）证明了豆科植物形成根瘤时能够固定空气中的氮素，同时提高土壤肥力。该研究将土壤-植物-微生物联系在一起，开创了生物固氮研究的崭新领域，对农业生产具有重要意义，促进了微生物肥料的诞生，展现了广阔的应用前景。

20 世纪以来，通过洪堡奖学金和马普协会的帮助，中德自然科学家和土壤学家之间的交流日益广泛。诸多德国大学开展了与中国的合作，并为我国培养了大批青年人才。

同时中国-德国联合发行了承德普宁寺和维尔茨堡宫特种邮票。

亚历山大·冯·洪堡（1769～1859）诞辰 250 周年，德国，2019

卡尔·李特尔（1779～1859）

黑尔里格尔（1831～1895）

普宁寺和维尔茨堡宫，中国–德国，1998

农业机械化，德国，1977

德国还是世界农业强国，其强大的工业体系带动了农业机械化和自动化。实现了 2%的劳动力管理和维护德国总面积一半的农业用地，平均每个农民可养活 150 人。

5.2.3 法国

法国位于欧洲西部，地势东南高西北低，平原占总面积的三分之二。西部属海洋性温带阔叶林气候，南部属亚热带地中海气候，中部和东部属大陆性气候。主要土壤类型为棕壤。法国是欧洲第一农业生产大国，主产小麦、大麦、玉米和水果蔬菜，葡萄酒产量居世界首位。法国农业现代化程度很高，农产品不仅能够满足本国的需求，而且还能大量出口，其农业产值占欧盟农业总产值的 22%，农产品出口量长期位居欧洲首位。

包括土壤学、农学在内的自然科学研究都离不开化学的发展，而法国著名化学家、生物学家安托万-洛朗·拉瓦锡（Antoine-Laurent de Lavoisier，1743～1794）在化学方面作出了一系列重要贡献。首先从实验的角度验证并总结了质量守恒定律；发现并系统地阐述了燃烧的原理；建立了在科学实验基础上的化学元素概念；在其最重要的著作《化学概要》中，编写了第一份广泛的元素清单，并帮助改革化学术语。《化学概要》标志着现代化学的诞生，拉瓦锡也被后世尊称为"现代化学之父"。此外，他还将其在化学研究上取得的进展应用于农业生产，制订了农业改革方案。

此外原法国海外科学技术研究办公室（Office de la Recherche Scientifique et Technique Outre-Mer，ORSTOM；今法国发展研究所，Institut de Recherche pour le Développement，IRD）在土壤学家 Aubert 领导下，先后赴各国热带地区工作，积累了丰富的资料。Aubert 和 Duchaufour 的热带土壤分类在世界上有一定影响。在我国热带亚热带土壤考察和水土保持方面，该机构的土壤学家 B. Volkoff 与我国有充分的交流和合作。

卢浮宫和故宫，中国−法国，1998

南京秦淮河和巴黎塞纳河，中国−法国，2014

拉瓦锡（1743～1794），法国，1943

巴黎科学与工业城，法国，1986

土壤：地球的皮肤

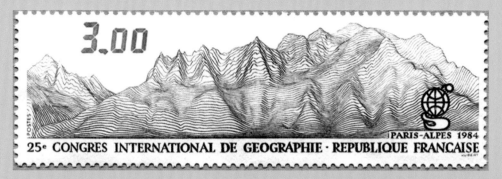

第 25 届国际地理大会，法国，1984

默兹河谷，法国，1987

凡尔赛花园，法国，2001

5.2.4 英国

　　英国本土位于欧洲大陆西北面的不列颠群岛，被北海、英吉利海峡、凯尔特海、爱尔兰海和大西洋包围。西北部多低山高原，东南部为平原。属温带海洋性气候，受盛行西风控制，全年温和湿润，四季寒暑变化不大。

奥运会从北京到伦敦，中国–英国，2008

森林土壤景观，英国，2019

面包和田地，英国，1986

英国学者对土壤学研究作出了重要贡献。英国约克郡农民汤普森（H. S. Thompson）和英国皇家农学会的顾问化学家韦（J. T. Way）提出的"土壤吸附-交换学说"不仅奠定了现代土壤化学的基础，而且对许多农业和环境问题发挥了指导作用。因为土壤对离子的吸附和交换作用，是土壤具有肥力功能和环境功能的基础。

汤普森关于土壤吸附性能的论著

英国皇家农学会会标

英国皇家农学会纪念封

作为世界上第一个完成工业革命的国家，英国国力迅速壮大。18 世纪至 20 世纪初期英国统治的领土跨越全球七大洲，是当时世界上最强大的国家和第一大殖民帝国，其殖民地面积是本土的 111 倍，号称日不落帝国。在农业方面，18 世纪时英国本地产小麦开始不敌北美廉价小麦，于是放弃大量种植，大量从美洲进口，逐渐转以乳畜业为主，高度机械化，效益十分高。

英国洛桑试验站享誉全球，是世界上最早开展土壤长期定位试验的研究机构，被誉为"现代农业的发源地"。该站的第一批经典试验可追溯至 1843 年，距今已有近 180 年的历史。更为可贵的是，很多长期定位试验的土壤、植物等样品被保存了下来，

洛桑试验站 Broadbalk 冬小麦试验地（1843）和样品库房（1890）

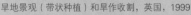

旱地景观（带状种植）和旱作收割，英国，1999

俯瞰田块，英国，2003

为后人开展新的科学研究提供了宝贵的材料。洛桑试验站为农学、土壤和植物营养学等学科的发展作出了重要贡献，时至今日，依然是世界农业研究领域的一支重要力量。中国科学院南京土壤研究所与洛桑试验站建立了频繁而紧密的合作关系，双方互有往来。

5.2.5 意大利

意大利地处欧洲南部地中海北岸，由南欧的亚平宁半岛及两个位于地中海的岛屿西西里岛与撒丁岛所组成。大部分地区属亚热带地中海型气候。北部为阿尔卑斯山脉，中部有亚平宁山脉。两大山脉之间为波河平原，是意大利最大的平原，也是南欧最大的平原，面积为 4.6 万平方千米，土壤类型以冲积土为主，土质肥沃，农业发达，盛产水果和乳制品。

意大利农业联合会，意大利，2001

意大利农产品，意大利，1997

山地与平原景观，意大利，2015

平原景观·向日葵花田，意大利，2012

5.2.6　西班牙

　　西班牙位于欧洲西南部的伊比利亚半岛，地处欧洲与非洲的交界处。地势以高原为主，间以山脉。由于山脉逼近海岸，平原很少而且狭窄，比较宽广的只有东北部的埃布罗河谷地和西南部的安达卢西亚平原。中部高原属大陆性气候，北部和西北部沿

城市建筑，中国-西班牙，2004

魅力乡村·河谷景观，西班牙，2019

海属海洋性温带气候，南部和东南部属地中海型亚热带气候。

西班牙农业用地面积占国土面积 13.8%，居欧盟第二位。农作物种植种类主要有葡萄、橄榄、柑橘等。葡萄和橄榄的种植面积均居世界首位，橄榄油的产量也居世界首位，全世界 50% 的橄榄油产自西班牙。

橄榄种植，西班牙，1979

马德里乡村博览会 25 周年，西班牙，1975

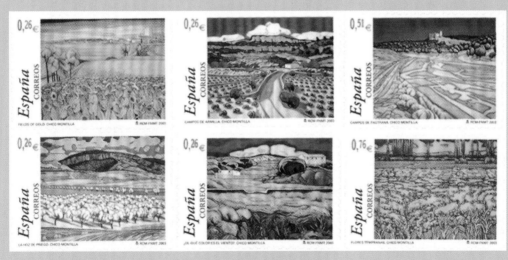

田野风光，西班牙，2003

5.2.7 荷兰

荷兰位于西欧北部，西、北濒临北海，地处莱茵河、马斯河和斯凯尔特河三角洲。全境为低地，四分之一的国土海拔不到 1 米，四分之一的国土低于海平面，除南部和东部有一些丘陵外，绝大部分地势都很低，是一个低地国家，主要土壤是沼泽土或潜育土等湿地土壤。从公元 13 世纪起，荷兰人就开始利用传统风车作为排水动力，在天然淤积的滨海浅滩上围海造田。

荷兰的国际土壤参比与信息中心（ISRIC）与我国有长期的交流与合作。在 W. Sombroek 和 L. R. Oldeman 担任主任期间与中国科学院南京土壤研究所在土壤标本采集、展示和土壤信息方面共同承担过多个欧盟资助的国际合作项目。

水车与风车，中国–荷兰，2005

风车，荷兰，1953

风车与郁金香，荷兰，1996

农产品出口，荷兰，1981　　　　　　　郁金香，荷兰，2002，2008

农业高度集约化，农田作物生产主要以马铃薯、小麦、甜菜为主，常年位居世界第二大农产品出口国，其中马铃薯和蔬菜出口居世界第一。花卉是荷兰的支柱性产业，约有 1.1 亿平方米的温室用于种植鲜花和蔬菜，花卉出口占国际花卉市场的 40%～50%，因此荷兰有"欧洲花园"的称号。

5.2.8　瑞士

瑞士是位于欧洲中南部的多山内陆国。全境地形高峻，分中南部的阿尔卑斯山脉（占总面积的 60%）、西北部的汝拉山脉（占 10%）、中部高原（占 30%）三个自然地形区。地处北温带，地域虽小，但地形的多变造成了气候的多样性，各地气候差异很大。而受到复杂的地形和气候影响，土壤类型的空间分异也较大。瑞士主要农作物有小麦、燕麦、马铃薯和甜菜，肉类基本自给，奶制品自给有余。

我国与总部位于瑞士的国际钾肥研究所（IPI）交流密切，并与瑞士等国同行一起从 1984 年至 2019 年连续 13 次举办国际土壤钾素学术讨论会，促进了土壤钾素的研究和钾肥的合理利用。

莱芒湖和瘦西湖，中国-瑞士，1998

耕地土壤景观，瑞士，1997

森林土壤景观，瑞士，2011

5.2.9　波兰

　　波兰位于欧洲大陆中部，中欧东北部。地势平坦，国土大部分处于低矮的波德平原，略有起伏，平均海拔 173 米。海拔 200 米以下的平原约占全国面积的 72%。地势南高北低，中部下凹。全境基本上属由海洋性向大陆性气候过渡的温带阔叶林气候，全年气候温和，冬无严寒，夏无酷热。主要粮食农作物有小麦、黑麦、大麦、燕麦、甜菜、马铃薯、油菜籽等，主要出口的农副产品有肉、奶、蔬菜、水果、可可及其加工食品。

　　波兰与我国学者在土壤学方面有频繁交流。2013 年 6 月，原中国科学院南京土壤研究所所长曹志洪研究员被授予波兰卢布林工业大学荣誉教授称号。

金银器，中国–波兰，2006

世界第一枚丝绸邮票《邮政马车》，波兰，1958

平原景观，波兰，2019

第16届联合国粮农组织会议，波兰，1983

5.2.10 瑞典

瑞典位于北欧斯堪的纳维亚半岛的东部，约15%的土地在北极圈内。地形狭长，东濒波罗的海，西南临北海，地势自西北向东南倾斜，北部为诺尔兰高原，南部及沿海多为平原或丘陵。国内湖泊众多，约10万个。受北大西洋暖流影响，大部分地区属温带针叶林气候，最南部属温带阔叶林气候。铁矿、森林和水力是瑞典三大资源。

珍禽，中国−瑞典，1997

犁地，瑞典，1979

收割，瑞典，1979

平原上的油菜田，瑞典，2007　　　　　森林土壤景观，瑞典，2007

5.2.11　比利时

　　比利时位于欧洲西部，西北濒临北海。海岸线长 66.5 千米。全国面积三分之二为丘陵和平坦低地，全境分为西北部沿海平原、中部丘陵、东南部高原三部分。比利时属温带海洋性气候，全年温和多雨，气候湿润。比利时是世界上工业最发达的地区

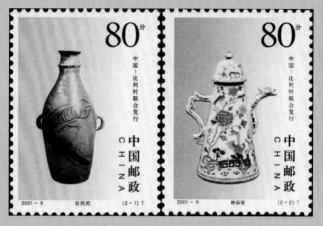

陶瓷，中国-比利时，2001

布鲁塞尔原子塔，比利时，1958

乡村景观，比利时，2012

农田景观，比利时，1995

之一，是 19 世纪初欧洲大陆最早进行工业革命的国家之一。首都布鲁塞尔不仅有闻名于世的滑铁卢古战场，也是欧盟与北约的总部所在地。

　　前国际土壤学会秘书长比利时勒芬大学教授 R. Dudal 在其任职期间促进了中国土壤学会与国际土壤学会的合作与交流。

5.2.12 奥地利

奥地利是一个位于中欧南部的内陆国。西部和南部是山区（阿尔卑斯山脉），北部和东北是平原和丘陵地带。东部和西部的气候不尽相同，西部受大西洋的影响，呈现海洋性气候的特征，温差小且多雨；东部为大陆性气候，温差相对较大，雨量也少很多。奥地利十分重视保护自然环境，森林、水力资源丰富，多次受到联合国嘉奖。

奥地利历史上产生了众多名扬世界的音乐家，例如海顿、莫扎特、舒伯特、约翰·施特劳斯，还有出生德国但长期在奥地利生活的贝多芬等。首都维也纳也被誉为"世界音乐之都"。同时奥地利也是享誉世界的美酒之都，是全球产葡萄酒最好的国家之一。

古琴与钢琴，中国–奥地利，2006

莫扎特在萨尔茨堡，奥地利，2006

葡萄园景观，奥地利，1997

保护森林，奥地利，1985　　　　　　　　　　　田园风光，奥地利，2005

5.2.13　挪威

挪威意为"通往北方之路"，是北欧五国之一，位于斯堪的纳维亚半岛西北部，西临挪威海，与丹麦隔海相望。领土南北狭长，海岸线漫长曲折，沿海岛屿众多，被称为"万岛之国"。斯堪的纳维亚山脉纵贯全境，高原、山地、冰川约占全境三分之二以上。南部小丘、湖泊、沼泽广布。大部分地区属温带海洋性气候，内部山区气候

农业生产，挪威，1999　　　　　　　　　　　农牧渔业，挪威，2009

山地景观，挪威，2018　　　　　　　　　　　北极调查 100 年，挪威，2006

寒冷。三分之一国土在北极圈以内，农业以畜牧业为主，耕地仅占国土面积 2.6%，蛋、奶制品基本自给，蔬菜水果主要依靠进口。渔业是重要的传统经济部门。

5.2.14 爱尔兰

爱尔兰位于欧洲西部爱尔兰岛的中南部，占爱尔兰岛总面积的六分之五，西濒大西洋，东临爱尔兰海。境内中部为平原，多湖泊和沼泽。北部，西北部和南部为高原和山地。中部是丘陵和平原，沿海多为高地。受北大西洋暖流影响，气候温和湿润，为典型温带海洋性气候，四季区别不明显。农业以畜牧业为主，草地和牧场约占全国总面积的80%。农作物以大麦、小麦、马铃薯、甜菜等为主，但粮食不能自给。

自然景观，爱尔兰，2011

土地翻耕，爱尔兰，2017

农牧生产，爱尔兰，1992

5.2.15　丹麦

　　丹麦王国位于欧洲大陆西北端的日德兰半岛。地势低平，平均海拔约 30 米。日德兰半岛西部是起伏低缓的冰水沉积平原，北海沿岸有着宽阔的沙滩；东部和中部是欧洲研究冰河期沉积地形最典型的地区之一。气候属温带海洋性气候，冬暖夏凉。

　　丹麦是著名的农业强国，农牧业高度发达，农业科技水平和生产率居世界先进国家之列。全国仅有 2% 的农业从业者，却养活着 1500 万的人口。丹麦不是单纯的农业种植养殖，而是将农业产业和工商形成产业链，从种植养殖的初级生产到生产深加工再到销售和售后有效结合在一起，形成了一条龙的运营模式。农畜产品除满足国内市场外，大部分供出口，占出口总额的 20%，猪肉、奶酪和黄油出口量居世界前列。

古代天文仪器，中国–丹麦，2011

乳业农场合作 100 年，丹麦，1982

农业机械，丹麦，1989

平原土壤景观，丹麦，2010

5.2.16　芬兰

　　芬兰位于欧洲北部，南临芬兰湾，西濒波的尼亚湾。地势北高南低，北部为曼塞耳基亚丘陵，中部为冰碛丘陵，沿海地区为平原。内陆水域占全国面积的 10%，有岛屿约 17.9 万个、湖泊约 18.8 万个，有"千湖之国"之称。全国三分之一的土地在北极圈内，其余部分属于温带海洋性气候，冬季严寒漫长，夏季温和短暂。林业发达，农畜产品自给有余，农林结合紧密。

"千湖之国"，芬兰，2011

针叶林景观，芬兰，2016

型地，芬兰，1994

机械化生产，芬兰，1992

5.2.17　葡萄牙

　　葡萄牙位于欧洲西南部，西部和南部濒临大西洋，地形北高南低，多为山地和丘陵。北部属海洋性温带阔叶林气候，南部属亚热带地中海气候。葡萄牙可耕地有 355 万公顷，主要种植小麦、玉米、燕麦、马铃薯。软木产量占世界总产量的一半以上，出口位居世界第一，有"软木之国"的称号。

古代帆船，中国−葡萄牙，2001

中葡建交四十周年，中国−葡萄牙，2019

橄榄种植，葡萄牙，2008

土地耕作，葡萄牙，1976

5.2.18 罗马尼亚

罗马尼亚地形奇特多样，山河秀丽，境内平原、山地、丘陵各占国土面积的三分之一。蓝色的多瑙河、雄奇的喀尔巴阡山和绚丽多姿的黑海是罗马尼亚的三大国宝。有"罗马尼亚脊梁"之称的喀尔巴阡山绵亘在其 40% 的国土上。

罗马尼亚是欧洲传统的农业大国，20 世纪中叶曾是欧洲最大粮食生产国。罗马尼亚土壤多为黑土，富含腐殖质，气候适宜，四季分明，境内河网密布，淡水资源丰沛，具备发展传统及生态农业的优越自然条件，是欧洲最具潜力发展绿色环保农业的国家之一。

1973 年，龚子同、程云生和胡纪常曾代表中国科学院赴罗马尼亚进行土壤学交流，访问了罗马尼亚环境研究所，与罗马尼亚同行进行了广泛而深入的探讨。

漆器与陶器，中国–罗马尼亚，2004

多瑙河畔景观，罗马尼亚，2019

喀尔巴阡山景观，罗马尼亚，2016

农业集体化，罗马尼亚，1962

机械灌溉，罗马尼亚，1985

小麦收割，罗马尼亚，1982

葡萄种植，罗马尼亚，1982

5.2.19 希腊

希腊地处欧洲东南部的巴尔干半岛南端。由半岛南部的伯罗奔尼撒半岛和爱琴海中的 3000 余座岛屿共同构成。境内多山，四分之三为山地，沿海有低地平原。奥林匹斯山在希腊神话中被认为是诸神寓居之所，海拔 2917 米，是希腊最高峰。希腊南部地区及各岛屿属于地中海气候，全年气温变化不大，北部和内陆属于大陆性气候，冬温湿，夏干热。

希腊的历史可一直上溯到古希腊文明，被视为西方文明的发源地。希腊还是西方哲学、奥林匹克运动会、西方文学、历史学、政治科学、民主制度、科学和数学原理，以及西方戏剧的发源地。希腊的文化与技术进步对世界历史曾具有极大的影响力。

奥运会从雅典到北京，中国—希腊，2004

传统农具，希腊，2014

点燃奥林匹克圣火，希腊，1960

奥林匹斯山，希腊，1999

5.2.20 乌克兰

乌克兰位于欧洲东部，黑海、亚速海北岸。乌克兰大部分地区属东欧平原，温带大陆性气候为主。乌克兰国土面积 60.4 万平方千米，而黑钙土面积约 30 万平方千米，其中黑钙土实验站有 10～12 个，已经建立了 100 多年，有深厚的历史，值得借鉴。森林资源较为丰富，森林覆盖率 43%，跨越三个植被带：森林沼泽带、森林草原带和草原带。农业较为发达，是世界上第三大粮食出口国，有着"欧洲粮仓"的美誉。

鹳雀楼与金门，中国-乌克兰，2009

农业产区，乌克兰，2004

麦穗，乌克兰，2004

5.2.21 阿尔巴尼亚

阿尔巴尼亚是一个位于欧洲东南部，巴尔干半岛西南部的国家。山地和丘陵占全国面积的 3/4，西部沿海为平原。属亚热带地中海型气候。东部为迪纳拉山脉南延部分，一般海拔 1000～2000 米，最高峰耶泽尔察山，海拔 2694 米。山间多河谷盆地。山脉西侧是海拔 200～1000 米的丘陵。

1975 年，龚子同、程云生和胡纪常曾作为中国科学院代表应邀赴阿尔巴尼亚进行土壤学交流，为阿尔巴尼亚进行了全国土壤调查，写有《阿尔巴尼亚土壤及其利用》一书，次年祝寿泉、胡纪常协助该国进行改良盐渍土试验。

庆祝阿尔巴尼亚解放二十周年，中国，1964

阿尔巴尼亚与中国建交 60 周年，阿尔巴尼亚，2009

地理位置，阿尔巴尼亚，1962

自然景观，阿尔巴尼亚，1973

土地改革 30 周年，阿尔巴尼亚，1975

5.3　非洲

5.3.1　南非

南非地处非洲高原的最南端，东、南、西三面分别被印度洋和大西洋环抱。因其多姿多彩的自然景观、历史文化和不同肤色的国民和平共处，被称为"彩虹之国"。

南非气候以热带草原气候为主，全年平均降水量为 464 毫米，远低于 857 毫米的世界平均水平。水资源不足严重制约农业的发展。为了节约水资源，南非采取自动化指针式喷淋灌溉系统，所以很多农田是圆形的。主要农作物有玉米、小麦、甘蔗、葡萄等，其中蔗糖出口量居世界前列，葡萄酒在国际上享有盛誉。

1996 年 9 月中国科学院南京土壤研究所龚子同应邀参加在南非首都比勒陀利亚举行的 WRB 会议，这是一个亚非国家间广泛交流的国际会议。会议期间了解了南非土壤概况，并进行了实地考察，发现南非土壤除一部分是干旱土外，主要是富铁土和地中海型淋溶土。

环境保护，南非，1992

节水农业，南非，2013

南非红酒，南非，2017

龚子同参加南非 WRB 会议合影

考察南非当地土壤

5.3.2　埃及

　　埃及位于非洲东北部，地处欧亚非三大洲的交通要冲，是大西洋与印度洋之间海上航线的捷径。古埃及是世界四大文明古国之一，也是世界上最早的王国，古埃及人建造了闻名世界的金字塔和帝王谷。全境大部分是海拔 100～700 米的低高原，红海沿岸和西奈半岛有丘陵山地。沙漠与半沙漠占全国的 95%。大部分地区属热带沙漠气候，全国干燥少雨，气候干热。世界第一长河尼罗河从南到北流贯全境，两岸形成宽约 3～16 公里的狭长河谷和绿洲带，并在首都开罗以北形成 2.4 万平方千米的三角洲。

　　埃及是传统农业国，政府重视扩大耕地面积，鼓励青年务农。主要农作物有小麦、大麦、棉花、水稻、马铃薯等，其中棉花是埃及最重要的经济作物，因其品质上乘，被视为"国宝"。

法老与金字塔，埃及，1988

埃及地质调查 75 周年，埃及，1971

中国-埃及建交 45 周年，中国-埃及，2001

中国埃及建交 50 周年，中国-埃及，2006

世界环境日·白色荒漠，埃及，2006

沙漠绿洲，埃及，2007

保护尼罗河，埃及，2015

棉花种植，埃及，1966

5.3.3 尼日利亚

尼日利亚位于西非东南部，是非洲第一人口大国，同时也是非洲第一大经济体。独立初期，棉花、花生等许多农产品产量在世界上居领先地位。随着石油工业的兴起，农业迅速萎缩，产量大幅下降。农业主产区集中在北方地区。木薯年产量 6000 余万吨，位居世界第一。

甘蔗收获，尼日利亚，1975

国家粮食行动，尼日利亚，1976

灌溉农业，尼日利亚，1989

植树造林，尼日利亚，1982

5.3.4 阿尔及利亚

阿尔及利亚是非洲面积最大的国家，位于非洲西北部，北部邻接地中海。撒哈拉阿特拉斯山脉以南属撒哈拉大沙漠，约占全国面积的 85%。北部沿海地区属地中海型气候，中部为热带草原气候，南部为热带沙漠气候。

阿尔及利亚经济在非洲位居前列，石油与天然气产业是国民经济的支柱，但农业靠天吃饭，产量起伏较大。因此粮食与日用品主要依赖进口，是世界粮食、奶、油、糖十大进口国之一。

撒哈拉大沙漠景观，阿尔及利亚，2006

中阿建交 45 周年，阿尔及利亚，2003　　　国际农业发展基金 10 周年，阿尔及利亚，1988

5.3.5 安哥拉

安哥拉，位于非洲西南部。全境大部分都是高原，尤其是中部地区更为高亢。西部大西洋沿岸为海拔 200 米以下的狭长沿海平原，上覆砂质土壤。东部是近代冲积的内陆湖盆，在干草原上散布一些孤立高地。北部等大部分地区属热带草原气候，年平均气温 22℃；南部属亚热带气候，高海拔地区则为温带气候。石油、天然气和矿产资源丰富。经济以农业与矿产为主，也有炼油工业，主要分布于卡宾达的滨海地带。

蔬菜种植，安哥拉，1990　　　棉花种植，安哥拉，1970　　　沿海平原景观，安哥拉，1987

5.3.6　马达加斯加

马达加斯加是位于印度洋西部的非洲岛屿国家，隔莫桑比克海峡与非洲大陆相望。全岛由火山岩构成，是非洲第一、世界第四大岛屿。1991 年，中科院南京土壤研究所龚子同曾应邀参加由法语国家土壤学家组织的在马达加斯加举行的国际会议，交流了当地土地利用经验，了解了该国特有的土壤、植物的特点和风土人情。据了解，马达加斯加土壤有氧化土、老成土、淋溶土、干旱土、火山灰土、始成土、新成土、变性土以及有机土等。氧化土面积较大，几乎占马岛面积的一半，主要分布在马岛的中部和东部。干旱土主要分布于南端，始成土和新成土较多地分布在西海岸。火山灰土、有机土、变性土和淋溶土呈零星分布。

马达加斯加是世界最不发达国家之一，工业基础非常薄弱，国民经济以农业为主，农业人口占全国总人口 80%以上。其土地肥沃，气候适合各种热带、温带粮食和经济作物生长。耕地三分之二以上种植水稻，其他粮食作物有木薯、甘薯、玉米等，但粮食不能自给。马达加斯加地形独特，各地气候差异较大，旅游资源丰富，旅游业是其重点发展行业。

联合国成立 50 周年·环境保护，　　诺西贝岛风光，马达加斯加，2002　　地貌景观，马达加斯加，2013

马达加斯加，1995

国际农业发展基金 10 周年，马达加斯加，1988　　水稻种植，马达加斯加，2001

世界最大石林"磬吉"，马达加斯加，2014　　　　猴面包树走廊，马达加斯加，2014

土壤：地球的皮肤

5.3.7 几内亚

几内亚位于西非西岸，西濒大西洋，海岸线长约352千米。境内地形复杂，分4个自然区：西部为狭长的沿海平原，中部为富塔贾隆高原，东北部为台地，东南部为几内亚高原。海拔1752米的宁巴山，为全境最高峰。几内亚沿海地区为热带季风气候，内地为热带草原气候，年平均气温为24～32℃。几内亚矿产资源丰富，有"地质奇迹"之称。水利资源丰富，是西非三大河流发源地，有"西非水塔"之称。经济以农业、矿业为主，工业基础薄弱，粮食不能自给，是最不发达国家之一。可耕地600万公顷，其中80%未开垦，农业发展潜力较大。

1972～1976年，中国科学院南京土壤研究所刘兴文、石华和李昌纬参加几内亚康康波尔多农业试验站的援建工作，示范和推广种植（主要是水稻）、施肥等农业技术。工作期间，实地考察和搜集资料完成了《几内亚土壤概况》一文，这是20世纪70年代以土会友的宝贵记录。

地图与国旗，几内亚，1960

海岸线景观，几内亚，1967

山地与瀑布景观，几内亚，1967

中几建交60周年，几内亚，2019

5.4 大洋洲

5.4.1 澳大利亚

澳大利亚位于南太平洋和印度洋之间,四面环海,是世界上唯一国土覆盖整个大陆的国家,因此也称"澳洲"。地形为东部山地,中部平原,西部高原。大部分地区干旱少雨,气温高,温差大,是全球最干燥的大陆。农牧业发达,是世界上最大的羊毛和牛肉出口国,素有"骑在羊背上的国家"之称。

澳大利亚有很大面积的荒漠土,约占总面积的43%,位于大陆中西部。在其北、东、南三面环布不同土带,其分布与生物气候带相适应。东部沿海最外围半环形地带为热带灰壤、红壤和砖红壤带,向内为热带黑土和红棕壤带,再向内是红褐土、棕钙土以及荒漠土。在南部大澳大利亚湾沿岸地区,在特殊的成土条件影响下,形成了较大面积的碱化棕钙土。

我国与澳大利亚土壤学家 E. T. Craswell、J. R. Freny 等一起就土壤氮素管理及对环境影响进行了长期合作研究。2004年10月,来自五大洲40多个国家的417位科学家参加了在南京举办的第三次国际氮素大会,在大会组委会主席、中国科学院院士、中国科学院南京土壤研究所研究员朱兆良的主持下,通过了《氮素管理南京宣言》,该宣言在国际上有较大影响。

"澳洲"大陆,澳大利亚,1981

大沙漠,澳大利亚,2002

熊猫与考拉，中国－澳大利亚，1995

农牧生产，澳大利亚，2012

主要农牧产品，澳大利亚，2012

5 以土会友，合作共赢

5.4.2 新西兰

新西兰位于太平洋西南部，领土由南岛、北岛及一些小岛组成，以库克海峡分隔，南岛邻近南极洲，北岛与斐济及汤加相望。境内多山，山地和丘陵占其总面积75%以上。属温带海洋性气候，季节与北半球相反。四季温差不大，植物生长十分茂盛，森林覆盖率达29%，天然牧场或农场占国土面积的一半。新西兰有丰富且独特的动植物资源，还有地形多变的壮丽自然景观。经济以农牧业为主，农牧产品出口约占出口总量的50%。羊肉和奶制品出口量居世界第一位，羊毛出口量居世界第三位。

于天仁作为中国可变电荷土壤电化学的创导者和主持人，1981年与鲁如坤、席承藩等一起参加在新西兰举行的 B. K. G. Theng 主持的"可变电荷土壤国际研讨会"，与各国土壤学家进行了深入交流，促进了学科发展。

花卉，中国–新西兰，1997 　　　　　　　　自然景观，新西兰，2014

农业主题邮票，新西兰，1978

5.5 北美洲

5.5.1 美国

美国是美洲面积第二大国家，领土包括美国本土、北美洲西北部的阿拉斯加和太平洋中部的夏威夷群岛。地形变化多端，地势西高东低。大部分地区属于大陆性气候，南部属亚热带气候，阿拉斯加北部属极地气候，夏威夷属于热带海洋性气候。

美国非常重视土壤研究，早在 20 世纪初期就开始了对本国土壤的调查制图和应用解译，并在几十年调查和记录的基础上，建立了一套定量的、多级的土壤分类系统——美国土壤系统分类。该分类系统已成为当今国际主流的土壤分类系统之一。按照美国土壤系统分类，美国土壤以软土的分布范围最广，次为始成土、淋溶土、老成土和旱成土，其余土纲分布面积都较小。软土主要分布在中部平原地区，其中包括著名的大草原地区；始成土、淋溶土散布全国各地；老成土主要分布在东南部；旱成土主要分布在西南部。

美国农业生产的专业化和区域化程度很高，形成了著名的生产带，如中北部玉米带、大平原小麦带、南部棉花带、东北部和"新英格兰"的牧草-乳牛带以及太平洋沿岸综合农业区等。在很长时期内，美国一直是世界上最大的粮食生产国和出口国。

20 世纪 30 年代应中央地质调查所之邀请，美国土壤学家梭颇（J. A. Thorp）与当时年轻的中国土壤学家侯光炯等一起进行全国土壤概查，1936 年完成《中国之土壤》一书；20 世纪 80 年代美国土壤学家 R. W. Arnold、L. P. Wilding、S. W. Buol、J. Kimble、H. Eswaran、M. L. Jackson 以及徐拔和等先后来华讲学和参加国际会议，促进了中美土壤学的交流。

鹤，中国－美国，1994

阿拉斯加州 50 周年，美国，2009

夏威夷雨林，美国，2010

北美大草原，美国，2001　　　　　　　　　宰恩国家公园砂岩景观，美国，2009

各州的麦田，美国，2018

美国乡村，美国，1973

5.5.2　加拿大

　　加拿大位于北美洲最北端，西抵太平洋，东迄大西洋，北至北冰洋，国土面积位居世界第二。地貌和气候类型多样，地形总体呈西高东低状，大部分地区属大陆性温带针叶林气候。西部为落基山脉，气候温和湿润。中部为大平原和劳伦琴低高原，面积占国土的一半左右，气候适中。东部为低矮的拉布拉多高原，气温稍低。东南部是五大湖区，地势平坦，多盆地，气候适中，伊利湖和安大略湖之间有壮观的尼亚加拉大瀑布。北部为北极群岛地区，多系丘陵低山，属于寒带苔原气候，长年冰雪覆盖，土壤类型为冻土。

森林和矿产资源丰富。森林覆盖面积4亿多公顷，居世界第三，占全国总面积的44%。其中枫树的生长范围之广、种类之多、数量之大，堪称世界之最，素有"枫叶之国"的美誉。

农业全部集中在南部，其中的"大草原地区"，占加拿大可耕地的81%。这里土壤肥沃，以棕壤和黑土为主，是加拿大的粮仓，不利条件是雨水不够充分。加拿大农业机械化程度高，但属于粗放式经营，亩产不高，受气候影响很大。

金钱豹与美洲狮，中国–加拿大，2005

加拿大的世界自然遗产，加拿大，2014~2015

枫树，加拿大，1994　　　　　　　　　　　枫叶，加拿大，2003

俯瞰平原景观，加拿大，1972　　　　小麦，加拿大，1983　　　　大地的果实，加拿大，1979

5.5.3　墨西哥

　　墨西哥位于北美洲南部，是南美洲、北美洲陆路交通的必经之地，素称"陆上桥梁"。南侧和西侧濒临太平洋，东南濒临加勒比海，东部则为墨西哥湾。东、西、南三面为马德雷山脉所环绕，中央为墨西哥高原，东南为地势平坦的尤卡坦半岛，沿海多狭长平原。墨西哥气候复杂多样，由于多高原和山地，垂直气候特点明显。

　　墨西哥是传统的农业国，墨西哥古印第安人培育出了玉米，故有"玉米的故乡"之称。同时也是番茄、甘薯、烟草和牛油果的原产地。

贡嘎山与波波山，中国-墨西哥，2007

墨西哥最高峰——奥里萨巴火山，墨西哥，2009　　牛油果——墨西哥的"绿色黄金"，墨西哥，2017

第二届美洲农业大会·玉米，墨西哥，1942　　世界粮食日·玉米种植，墨西哥，1988

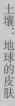

5.5.4 古巴

古巴是北美洲加勒比海北部的群岛国家，国名意为"肥沃之地""好地方"。除古巴岛外，它还包括周围1600多个大小不等的岛屿。大部分地区地势平坦，东部、中部为山地，西部多丘陵。大部分地区属热带雨林气候，仅西南部沿岸背风坡为热带草原气候。由于加勒比海区域火山活动较多，土壤以火山灰土为主，肥力较高。农业主要种植甘蔗，其次是水稻、烟草、柑橘等，其中甘蔗的种植面积占全国可耕地的55%，产糖量占世界糖产量的7%以上，人均产糖量居世界首位。古巴出产的烟草和雪茄品质也享誉世界。

中国与古巴土壤科学界的学术交往十分频繁。1964年马溶之、陈家坊、赵其国等协助古巴筹建土壤研究所并进行了全国性的土壤调查，著有《古巴土壤概要》。

海滨风光，中国–古巴，2000

自然景观，古巴，2006　　　　　　　土地改革法25周年，古巴，1984

甘蔗收获，古巴，2009　　　　　　　　　雪茄烟和烟草种植，古巴，2012

5.6　南美洲

5.6.1　巴西

巴西位于南美洲东部，是南美洲最大的国家。国名源于巴西红木。全境地形分为亚马孙平原、巴拉圭盆地、巴西高原和圭亚那高原，其中亚马孙平原约占全国面积的三分之一，为世界面积最大的平原；巴西高原约占全国面积 60%，为世界面积最大的高原，主要土壤为红土。巴西境内有亚马孙河、巴拉那河和圣弗朗西斯科河三大河系。河流数量多、长度长、水量大。

巴西矿产、土地、森林和水力资源十分丰富。农牧业也很发达，是多种农产品主要生产国和出口国，其中咖啡、可可、甘蔗、玉米、大豆等产量都居世界首位。依托农业优势，巴西大力发展绿色能源，从甘蔗、大豆、油棕榈等作物中提炼燃料。

2018 年 8 月第 21 届世界土壤学大会在巴西里约热内卢召开，会上中国科学院南京土壤研究所杨飞博士荣获 Dan Yaalon 青年科学家奖，并且经过努力争取，中国土壤学会成功获得 2026 年在中国南京举办第 23 届世界土壤学大会的举办权。

木偶和面具，中国-巴西，2000

亚马孙河流域图，巴西，1971

罗奈马山景观，巴西，2017

家庭农业生产，巴西，2014

咖啡农场，巴西，2003

蔬菜种植，巴西，2010

5.6.2　阿根廷

阿根廷位于南美洲东南部。地势西高东低，阿空加瓜山海拔 6962 米，是安第斯山脉最高峰，也是南美第一高峰。北部属热带气候，中部属亚热带气候，南部为温带气候。

阿根廷自然资源丰富，农牧业发达，是世界粮食和肉类重要生产和出口国，素有"世界粮仓和肉库"之称。全国大部分地区土壤肥沃，气候温和，适于农牧业发展。东部和中部的潘帕斯草原是著名的农牧业区。阿根廷还是世界上最大的马黛茶生产国。

阿空加瓜山景观，阿根廷，2008

农业遥感监测，阿根廷，2001

国家农业技术研究所 50 周年，阿根廷，2006

农业综合实验站 100 周年，阿根廷，2009

葡萄种植与红酒生产，阿根廷，2005

5.6.3　哥伦比亚

　　哥伦比亚位于南美洲西北部，是南美洲唯一同时拥有北太平洋海岸线和加勒比海海岸线的国家。国土面积约 114.2 万平方千米，居南美洲第 4 位。地形大致分为西部安第斯山区和东部亚诺斯平原两个部分，气候以热带雨林气候为主。由于其土壤及水热条件适宜咖啡生长，农业以咖啡种植为主，是世界上三大咖啡出产国之一。

农田景观，哥伦比亚，2006

田间劳作，哥伦比亚，1995

咖啡种植，哥伦比亚，2012

美洲农业科学研究所成立 25 周年，哥伦比亚，1969

5.6.4　委内瑞拉

　　委内瑞拉位于南美洲北部，被称为"瀑布之乡"。境内有世界上落差第一大的瀑布安赫尔瀑布（又称"天使瀑布"），还有南美洲最大湖泊马拉开波湖。地形可分为三个区域：中部奥里诺科平原、东南部圭亚那高原、西北部和北部山区。玻利瓦尔峰为全国最高峰，海拔 5007 米。境内除山地外基本上属热带草原气候。

　　能源资源丰富，石油（含重油）探明储量居世界第一。石油工业为国民经济命脉，农业发展缓慢，粮食不能自给。

安赫尔瀑布与玻利瓦尔峰，委内瑞拉，2003

马拉开波湖，委内瑞拉，1962

保护土壤资源，委内瑞拉，1968

农业生产，委内瑞拉，2003

5.6.5 智利

智利位于南美洲西南部，是世界上地形最狭长的国家。东为安第斯山脉的西坡，约占全境东西宽度的三分之一；西为海岸山脉，大多延伸入海，形成众多的沿海岛屿；中部是由冲积物所填充的陷落谷地。境内多火山，地震频繁。由于国土横跨 38 个纬度，而且各地区地理条件不一，智利的气候极为复杂多样。其中的阿塔卡马沙漠是世界最干燥的地区之一。

智利拥有非常丰富的矿产资源、森林资源和渔业资源。矿业、林业、渔业和农业是国民经济四大支柱。

阿塔卡马沙漠的月亮谷，智利，1936

安第斯山脉景观，智利，1996

第四届国际地球科学大会，智利，1996

5.6.6 秘鲁

秘鲁位于南美洲西部。地形分为三个区域，西部沿海地区为干旱平原，中部安第斯山脉纵贯国土南北，东部为亚马孙盆地的热带雨林。秘鲁是亚马孙河发源地，东部属亚马孙河上游流域。气候从西向东分为热带沙漠、高原和雨林气候。

秘鲁经济主要依赖农业、渔业、矿业以及制造业（如纺织品）。作为印加文明的发祥地，旅游资源丰富。

亚马孙河畔景观，秘鲁，2013

俯瞰亚马孙河，秘鲁，2009

土豆交易，秘鲁，2008

藜麦种植，秘鲁，2013

6

极地土壤
–环境探秘

自古以来，人类为了认识我们生存的世界，一直在不断地探索。近代以来人类对地球南北两极的科学考察，探秘了千万年来人类未曾到过的极地世界。1959 年 12 月，12 个国家签订《南极条约》。极地科学考察，尤其是对南极的科考，无论对发达国家还是发展中国家而言，在政治、科学、经济、外交、军事等方面都有深远和重大的意义，因此，备受各国政治家的重视和全球科学家的向往，各国政府陆续在两极建立本国的科考站。

破冰船极地漂流，苏联，1940

南极考察雪橇犬，比利时，1958

南极海豚与鲸鱼，法国，1977

南极科学考察船，苏联，1986

南极考察救援破冰船，苏联，1986

"西伯利亚"号原子能破冰船
高纬度考察，苏联，1988

南极科考，新西兰，1984

南极野生动物，巴西，1990

苏联和澳大利亚联合南极考察，苏联，1990

北极冰山，冰岛，1991

南极洲景观，挪威，2019

"国际年"是由联合国会员国或某个国际组织向联合国提议，经联合国讨论并作出相应决议而确定的。旨在引起世界各国尤其在这一年内重点关注全球范围某一领域的问题，促进国际的交流合作，具体形式多种多样。

　　2015 年是国际土壤年，而与之相似的国际极地年历史则更为久远。国际极地年是由国际科学理事会和世界气象组织主办的国际年活动，以国际南北极科学考察活动最为核心，首次举办于 1882 年，约 50 年举办一次，被誉为国际南北极科学考察的"奥林匹克"盛会，直接促成了《南极条约》的诞生。2007～2008 年是第四次国际极地年，这也是中国首次参与其中。为纪念此次盛会，美国、加拿大、丹麦、瑞典、挪威、芬兰、冰岛、格陵兰等 8 个北美、北欧的国家和地区的邮政局联合发行了国际极地邮票。

《南极条约》签订 10 周年，美国，1971

《南极条约》20 周年首日封，德国，1981

第四次国际极地年，美国，2007

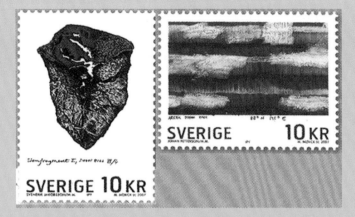

第四次国际极地年，瑞典，2007

第四次国际极地年，加拿大，2007

第四次国际极地年，丹麦，2007

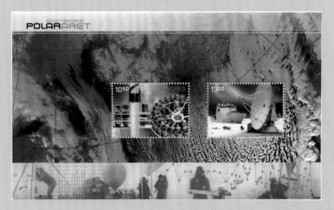

第四次国际极地年，挪威，2007

第四次国际极地年，芬兰，2007

第四次国际极地年，冰岛，2007

第四次国际极地年，格陵兰，2007

6.1 南极

6.1.1 南极科考

中国于 1984 年正式派出科考队远赴南极，进行了生物、地质、地貌、高层大气物理、地震、气象、测绘和海洋科学等领域的考察。1985 年 2 月 20 日，首次在南极洲南设得兰群岛的乔治王岛上建立了中国南极长城站。截至 2021 年 6 月，我国已经进行了 37 次南极科考，建立了 5 个南极科考站[①]，获得了无数的重要科研成果，南极科考事业取得了长足的进展。1988 年 2 月 5 日至 3 月 13 日，由中科院孙鸿烈副院长率领施雅风等 41 人由北京出发途经美国、智利、阿根廷及麦哲伦海峡到达南极长城站，参加中国南极第四次考察。

---

① 中国第五个南极科考站——中国南极罗斯海新站，已于 2018 年开始建设，预计 2022 年完工。

1988 年 2 月南极科考（包括智利、阿根廷）

1988 年 2 月在南极长城站。前排：施雅风（左八）、孙鸿烈（左九）、秦大河（右一）、崔之久（右二）

1988 年在南极长城站。王小军（左一）、钱嵩林（左二）、施雅风（左三）、崔之久（右三）、秦大河（右二）、刘琛（右一）

1988 年在南极长城站。张知非（左一）、孙鸿烈（左二）、施雅风（右一）

南极苔藓和地衣景观

南极石

中国首次南大洋和南极洲考察纪念封，中国，1985

南极条约生效三十周年，中国，1991

南极风光，中国，2002

中国极地科学考察三十周年，中国，2014

中国第五次南极考察

中国第九次南极考察，"极地"号环南极洲航行考察纪念

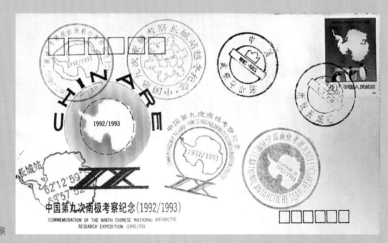

中国第九次南极考察

中国第十次南极考察

6.1.2 亚南极一瞥

南半球除南极大陆本身外陆地较少，以海洋为主，因此南极毗邻的国家和地区包括新西兰和澳大利亚南部，智利和阿根廷南部，其余均为一些岛屿。但这些国家和地区大部分并不在南极圈的范围内，其土壤、环境、自然景观等仅带有一定的寒带特征。

澳属麦夸里岛景观，澳大利亚，2010

罗斯属地的企鹅，新西兰，2014

智利南极属地的帝企鹅，智利，1995

坎贝尔岛和恩德比岛，新西兰，2015

6.2　北极

6.2.1　北极科考

对北极的大规模科学考察，始于 1957～1958 年的国际地球物理年。当时来自 12 个国家的 10000 多名科学家在北极和南极进行了大规模、多学科的考察与研究，在北冰洋沿岸建成了 54 个陆基综合考察站，在北冰洋中建立了许多浮冰漂流站和无人浮标站。

中国自 1999 年首次组织开展北极考察以来，针对北极海冰、海洋与大气变化同中国气候环境变化的关系，至今开展了 12 次以"雪龙"号科学考察船为平台的北冰洋区域综合考察，对北极地区气候与环境变化的机理有了初步的认识与了解，获得了一批有价值的科学考察研究数据与样本。

"北极"号科学漂流站，苏联，1955

北极探险，美国，1959

原子能破冰船"北极"号航行北极，苏联，1977

"科拉欣"北极破冰船100周年，俄罗斯，2017

北极科考站，俄罗斯，2003

北极景观，俄罗斯，2007

北极熊，苏联，1987

中国首次北极科学考察启航纪念封，中国，1999

中国首次北极科学考察归航纪念封，中国，1999

土壤：地球的皮肤

6.2.2 亚北极一瞥

由于大陆和岛屿多集中在北半球，因此北极毗邻的国家和地区相对南极要多，除北冰洋外仍有较大面积的陆地在北极圈以内。包括格陵兰、北欧三国、俄罗斯北部、美国阿拉斯加北部以及加拿大北部，冰岛北侧小岛也被北极圈穿过。这些国家和地区的土壤、环境、自然景观等方面的极地特征较为明显。

北极狐，芬兰，1993

西伯利亚的北极熊，俄罗斯，2016

科米原始森林的冻土景观，俄罗斯，2003

冰岛土壤景观和地貌，冰岛，1970

北极圈内维京人的生活，格陵兰岛，1999

保护自然环境，丹麦，1992

保护自然环境，丹麦，2001

北极苔原，美国，2003

北极光，加拿大，2018

北极海鹦，加拿大，1996

格陵兰岛是世界上面积最大的岛屿，位于北冰洋和大西洋之间，全岛85%的土壤为巨厚冰层所覆盖。在全球气候变暖情况下，南部无冰区土壤面积增大，目前牧草种植面积约为1000公顷，蔬菜种植面积为10公顷。因此，格陵兰岛更加重视该地区土壤与农业持续发展。

　　格陵兰岛的原住民因纽特人是亚洲黄种人的后裔。岛上人口稀少，但都很热情。当地人的主要食物有羊肉汤、自制香肠和各类海鲜等。

格陵兰岛的蓝冰、蓝莓与蓝天

Mogens 课题组采集的土壤剖面

具有草毡层的自然断面

6.3 土壤学家和地学家在两极

6.3.1 陈杰

陈杰 1994 年于中国科学院南京土壤研究所获博士学位，曾入选德国洪堡学者，并获江苏省新长征突击手荣誉称号，2001 年被聘为中国科学院南京土壤研究所研究员。现任郑州大学特聘教授、博士生导师，中国青藏高原研究会理事，中国地理学会沙漠分会（中国沙漠学会）理事，中国土壤学会地理委员会委员，江苏省南京市青年联合会委员，中国土壤学会《土壤通报》编委。

陈杰

陈杰于 1992 年 12 月参加了中国第九次南极考察，成为第一个登上南极的土壤学者，从暖季到寒季一待就是 14 个月。他度过了自己在南极第一个可怕的寒季，庆祝了一个难忘的生日，并在这冰雪覆盖的神秘的土壤上进行了陆地生态系统的考察。

南极的气候特点是寒冷、风大和干燥。南极洲的平均气温为–25℃，极端最低温达–89.2℃，平均风速 17～18 米/秒，最大风速 75 米/秒，平均降水 55 毫米。南极分寒暖两季，4 月至 10 月为寒季，11 月至 3 月是暖季，在极点附近，寒季为连续黑夜，常出现光彩夺目的极光，暖季则相反，连续白昼，太阳是倾斜照射。在暖季 12℃就能煎熟鸡蛋，日晒可致脸面起泡，狂风可把人吹得不知所终。南极可谓是挑战人类生命极限的战场。

陈杰在南极长城站经历了极其艰险的野外考察和定位观察，特别是对菲尔德斯半岛进行了全面详细的实地考察，积累了丰富的第一手资料，并在此基础上，在国内外刊物上发表了一系列探索结果，在极地留下了中国土壤学者的脚印。

陈杰在南极菲尔德斯半岛长城站附近与企鹅合影

中国长城站地区典型的局部低等植物景观（苔藓）

南极海洋性气候区典型的夏季景观

南极半岛地区典型的石生地衣景观（浅黄白色的为
枝状地衣，白色为壳状地衣，黑色为叶状地衣）

冻融作用形成的"石环"结构发育强烈

陈杰在长城站进行土壤冻融作用观测的区域及设施

陈杰参加中国第九次南极考察来信，这是中国土壤学家首次现身南极

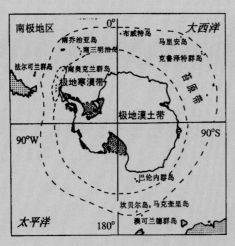
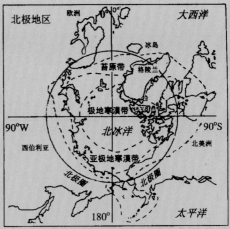

南、北极地区主要土壤带（Tedrow，1977）

南极考察邮票与明信片

南极菲尔德斯半岛

南极半岛乔治王岛地区的巴布亚企鹅 （又名金图企鹅，
Pygoscelis papua）

南极象海豹（Elephant seal）

南极菲尔德斯半岛长城湾海岸景观

南极长城站站区附近，图中高地被称为"八达岭"

6.3.2　孙立广

孙立广教授是著名的生态学家，中国科学技术大学教授、博士生导师、极地环境研究室主任，曾任中国科学院兰州冰川冻土研究所冰芯开放实验室学术委员会委员、中国第四纪科学研究会第六届理事会理事、中国科学院地球环境研究所客座教授、国家海洋局海洋-大气化学和全球变化重点实验室学术委员会委员、国内核心期刊《极地研究》副主编、世界气象组织（WMO）全球气候研究计划中的气候与冰冻圈项目（WCRP-CliC）中国委员会委员及专家组成员、中国毒理学会分析毒理学专业委员会委员、美国科学促进会（AAAS）会员。

1998 年 11 月至 1999 年 3 月参加了中国第十五次南极长城站科学考察，开展了企鹅生态与海洋气候环境、冰盖进退与气候演变和湖泊沉积序列与环境事件以及现代环境过程、人为地球化学以及自然环境演变的综合研究。2004 年 7 月至 8 月作为中国北极站首次考察队队员赴北极考察。多年来在世界顶级杂志上发表众多关于南极的学术论文，并编写多部相关教材及科普图书。

孙立广首登南极考察（图据《广州日报》）

中国科学技术大学建校五十周年，中国，2008

南极长城站区松萝（孙立广 摄）

阿德雷岛金图企鹅（孙立广 摄）

阿德雷岛上年轻的帝企鹅（孙立广 摄）

孙立广的南极著作

孙立广的来信

孙立广、谢周清于北极黄河站来信

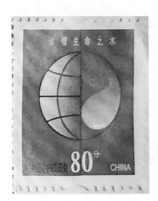

孙立广、谢周清于北极黄河站来信的邮票

6.4　保护极地

随着全球变暖的影响日益显现，极地周围的永久冻土正在逐渐融化，这一过程会释放大量的二氧化碳和甲烷等温室气体，进一步加剧温室效应。同时要注意海平面的上升，南北极上空臭氧空洞的变化，以及磷虾的保护和企鹅的生存环境。2009 年一季度，在芬兰和智利邮政机构的倡议下，约 40 个国家和地区的邮政机构采取统一行动，共同发行了一套以"保护极地和冰川"为主题的邮票，以提醒公众关注全球变暖对两极地区和极地冰川的影响。各国邮票的图案上均印有一个专门设计的"冰晶"标志，作为本次共同邮票发行计划的统一标识。这也是人类共同的愿望和呼唤。

保护极地和冰川，格陵兰岛，2009

保护极地和冰川，塞尔维亚，2009

保护极地和冰川，加拿大，2009

6　极地土壤·环境探秘

235

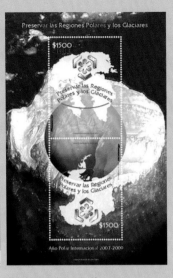

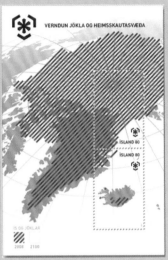

保护极地和冰川，芬兰，2009　　　　保护极地和冰川，智利，2009　　　　保护极地和冰川，冰岛，2009

保护极地和冰川，新西兰，2009

保护极地和冰川，澳大利亚，2009

保护极地和冰川，斯洛文尼亚，2009

保护极地和冰川，罗马尼亚，2009

保护极地和冰川，比利时，2009

保护极地和冰川，立陶宛，2009

保护极地和冰川，匈牙利，2009

保护极地和冰川，爱沙尼亚，2009

6.5 "第三极"——青藏高原

许多人都不知道，除了南北两极以外，地球上还存在着"第三极"——青藏高原。而青藏高原之所以被称为"第三极"或"高极"，是因为其具有四个特点：海拔世界最高；气温与南北极同样寒冷；很多地方与南北极一样，了无生机；温度日差较大。

青藏高原介于北纬26°～39°、东经73°～104°，西起帕米尔高原，东到横断山，北界为昆仑山、阿尔金山和祁连山，南抵喜马拉雅山，东西长约2800千米，南北宽约300～1500千米，总面积约250万平方千米，除西南边缘部分分属印度、巴基斯坦、尼泊尔、不丹及缅甸等国外，绝大部分位于中国境内。而青藏高原南缘的喜马拉雅山脉（梵语：Hima Alaya，意为雪域），是世界海拔最高的山脉，藏语意为"雪的故乡"，其主峰珠穆朗玛峰（藏语名：Qomolangma）是世界最高峰，是藏语"第三女神"的意思，海拔高达8848.86米。

青藏高原这片离天最近的地方，以其雄伟壮丽的自然景观、神秘独特的人文风情吸引了无数游人，被誉为"世界最后的净土"。此外，青藏高原作为"亚洲水塔"，是亚洲最大的10条河流的发源地，是下游东南亚和南亚地区数以亿计的百姓和众多生物赖以为生的源泉。同时，青藏高原也是科研工作者的"圣地"。对青藏高原的研究有助于人们进一步认识地壳运动，全球气候变化以及不同圈层之间的相互作用等重要问题。而且这里的许多物种对环境变化和人类的干扰十分敏感，全球气候变暖和过度开发利用已经开始影响高原上多种动植物的生存。开展青藏高原的相关研究，对人类生存乃至全球的生态安全都具有至关重要的意义。

布达拉宫，中国，1952 帕米尔高原，中国，2004

三江源自然保护区，中国，2009

香格里拉·日照金山，中国，2010

青海湖，中国，2002

荒漠草原上的藏羚羊，西藏安多（杨帆 摄）　　　荒漠草原上的藏野驴，西藏安多（杨仁敏 摄）

藏羚，中国，2003

牦牛，中国，1981

牦牛，中国，1952

青藏高原气象考察，中国，2000

6.5.1　世界上最高的山峰——珠穆朗玛峰

　　青藏高原的雄伟、神秘、圣洁等一切特别之处皆源自其至高的海拔。青藏高原最高峰是哪一座，最高点究竟有多高？这曾是困扰了人类千百年的问题。

　　1865 年英国人最先测量出了珠穆朗玛峰的高度为 29002 英尺（相当于 8839.8 米），从而发现了世界最高峰是珠穆朗玛峰（以下简称"珠峰"）。在此之前，人们一直以为珠峰东边的干城章嘉峰为世界最高峰。1975 年我国首次开展珠峰高程测量，不仅成功登顶，还将测量觇标矗立于珠峰之巅，并精确测得珠峰海拔高程为 8848.13 米。2005 年我国再次对珠峰高程复测，采用了传统大地测量与卫星测量结合的技术方法，并首次在珠峰峰顶测量中利用冰雪雷达探测仪测量冰雪厚度，经过严密计算，获得珠穆朗玛峰峰顶岩石面海拔高程 8844.43 米，该数据作为中国统一采用的标准数据一直沿用。

2020 年 5 月 6 日下午，由我国国测一大队和中国登山队共同组成的测量登山队正式开启 2020 珠峰高程测量登顶行动。2020 年 5 月 27 日，2020 珠峰高程测量登山队 8 名攻顶队员克服重重困难，成功从北坡登上珠峰峰顶，并在峰顶竖立觇标，安装 GNSS 天线，对珠峰高程进行了复测。此时，距离 1960 年中国人首次登顶珠峰，已是整整 60 年。

12 月 8 日，中尼两国领导人共同宣布珠穆朗玛峰最新高程为 8848.86 米。15 年前测量的 8844.43 米珠峰高程成为历史。值得一提的是，此次任务中应用的国产北斗卫星定位接收机、峰顶重力测量仪、雪深雷达、航空重力仪等核心装备，都由我国自主研发，5G 基站也首次在海拔 6500 米的前进营地开通。

珠穆朗玛峰，中国，2004

中国登山队登上珠穆朗玛峰，中国，1965

中国登山队再次登上珠穆朗玛峰，中国，1975

中国登山队登顶珠峰六十周年，中国，2020

2005 珠穆朗玛峰高程测量纪念封

2020 珠穆朗玛峰高程测量纪念封

6.5.2 青藏土壤科考历程

青藏高原不断强烈地隆起，引起我国乃至东亚气候和整个自然地理环境格局的巨大变化，为中外科学家所瞩目，是地学和生物学研究的宝库。为了探索青藏高原隆起的时代、幅度和形式，自然生态系统发生和发展的历史规律，高原隆起对人类活动的影响等科学问题的奥秘，中国科学院南京土壤研究所同志一代接一代地赴青藏高原进行科学考察研究，默默地献出了自己宝贵的青春和智慧。

中国科学院南京土壤研究所接受中国科学院、农业部等部门组织的科研任务，开展青藏高原土壤考察研究工作始于 20 世纪 60 年代，一直到 21 世纪之初从未间断。老一辈参加过青藏高原科考的同志有：

何同康，1960～1961 年，参加中国科学院西藏综合考察队进行以西藏中部为重点的土壤考察。

刘朝端，1960～1961 年，参加中国科学院西藏综合考察队进行以西藏中部为重点的土壤考察。

1984 年，参加西藏自治区首次土壤普查和土地资源考察。

1995 年，参加中美西藏高原土壤合作考察和采样。

张同亮，1960～1961 年，与戴昌达同志一道参加中国科学院西藏综合考察队，在日喀则农场和帕里开展耕作土壤半定位研究。

高以信，1966～1967 年参加中国科学院珠穆朗玛峰地区科学考察队，进行珠穆朗玛峰地区土壤考察。

1973～1976 年参加中国科学院青藏高原综合科学考察队第一阶段工作，进行西藏全境土壤和土壤资源考察。

1981～1984 年参加中国科学院青藏高原综合科学考察队第二阶段工作，进行横断山地区土壤和土壤资源考察。

何同康　　　　刘朝端　　　　张同亮　　　　高以信　　　　费振文

费振文，1966～1968年参加中国科学院珠穆朗玛峰地区科学考察队，进行珠穆朗玛峰地区土壤考察。

陈鸿昭，1960～1961年，与赵仲武、何金海等参加中国科学院西部地区南水北调综合考察队在川西滇北进行土壤考察。

1969～1970年，参加珠穆朗玛峰地区科学考察队有关土壤研究论文撰写。

1975年，参加中国科学院青藏高原综合科学考察队第一阶段工作，进行拉萨市、日喀则地区和那曲部分地区的土壤和土壤资源考察，并与林业组协作调查研究拉萨宜林地土壤评价问题。

1976年，参加昌都地区土壤和土壤资源考察。

刘良梧，1974年参加中国科学院青藏高原综合科学考察队第一阶段工作，进行山南地区及墨脱、米林、林芝的土壤考察。

石华，1975年，参加中国科学院青藏高原综合科学考察队第一阶段工作，进行拉萨市、日喀则地区和那曲部分地区土壤和土壤资源考察。

姚宗虞，1975年，参加中国科学院青藏高原综合科学考察队第一阶段工作，进行拉萨市、日喀则地区和那曲部分地区的土壤和土壤资源考察。

1976年，进行那曲北部地区土壤和土壤资源考察。

杨丰裕，1975年，参加中国科学院青藏高原综合科学考察队第一阶段工作，与农业组协作研究拉萨等地耕作土壤肥力问题。

陈鸿昭　　　　　刘良梧　　　　　石华　　　　　姚宗虞　　　　　杨丰裕

　　杨艳生，1975年，参加中国科学院青藏高原综合科学考察队第一阶段工作，与农业组协作研究拉萨等地耕作土壤肥力问题。

　　吴志东，1960～1961年，参加中国科学院西部地区南水北调综合考察队，在川西滇北进行土壤考察。

　　1976年，参加中国科学院青藏高原综合科学考察队第一阶段工作，进行昌都地区土壤和土壤资源考察。

　　王浩清，1984～1990年，参加西藏自治区首次土壤普查和土地资源调查。

　　1995年，参加中美西藏高原土壤合作考察和采样。

　　杜国华，1984年，参加西藏自治区首次土壤普查和土地资源调查。

　　顾国安，1987～1990年，参加中国科学院青藏高原综合科学考察队第三阶段工作，进行喀喇昆仑山地区和可可西里地区土壤和土壤资源考察。

杨艳生　　　　　吴志东　　　　　王浩清　　　　　杜国华　　　　　顾国安

2000 年以前，中国科学院南京土壤研究所几代土壤科学工作者，先后共有 30 人次参加西藏土壤考察和在日喀则农场、帕里、拉萨开展半定位研究，这在土壤所历史上是个前所未有的创举。

土壤工作者蒋晓 1987 年参加西藏自治区土壤资源调查项目中的"山南地区措美县的土壤资源调查"。

1994 年，张甘霖、陈杰、骆国保曾执行与荷兰国际土壤参比中心联合项目到青藏高原进行土壤考察和采样，1995 年组织中美土壤科学家在青藏高原考察。

1952 年，李连捷任政务院西藏工作队农业组组长，在拉萨布达拉宫留影

1960 年 4 月赴青藏高原开展土壤资源调查

2017年3月，中国科学院和西藏自治区确定共同开展我国第二次青藏高原综合科学考察研究。2017年8月19日，在第二次青藏高原综合科学考察研究全面展开之际，习近平总书记发来贺信并作出重要指示。他指出："开展这次科学考察研究，揭示青藏高原环境变化机理，优化生态安全屏障体系，对推动青藏高原可持续发展、推进国家生态文明建设、促进全球生态环境保护将产生十分重要的影响。"

2019年7月15日，第二次青藏高原综合科学考察中国科学院南京土壤研究所团队从南京集结出发，奔赴"世界屋脊"调查和采集青藏高原土壤样品。

土壤所科考队全体队员合影

土壤景观与采样工作照

土壤景观与采样工作照

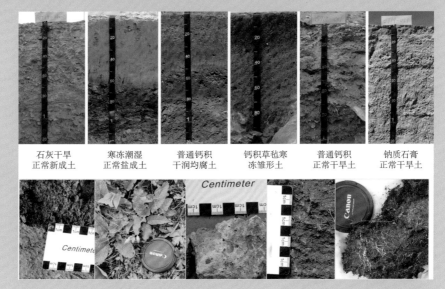

| 石灰干旱 | 寒冻潮湿 | 普通钙积 | 钙积草毡寒 | 普通钙积 | 钠质石膏 |
| 正常新成土 | 正常盐成土 | 干润均腐土 | 冻雏形土 | 正常干旱土 | 正常干旱土 |

部分土壤剖面与结构体照片

来自青藏高原的问候

来自青藏高原的问候

6.5.3　青藏土壤科考成果

　　中国科学院南京土壤研究所的科学工作者通过在西藏艰辛地考察研究，获得了大量第一手资料，除及时向当地有关部门汇报外，还出版了一批专著、文集、论文、报告和图件，填补了青藏高原土壤科学的空白，为我国土壤地理和土壤资源领域作出了重要贡献。

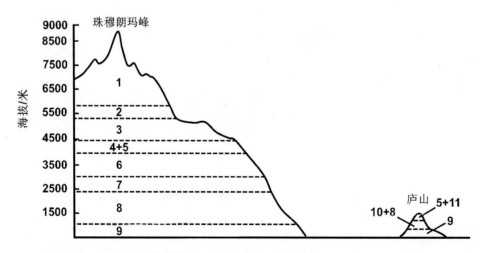

珠穆朗玛峰和庐山的土壤垂直带谱
1.冰雪；2.永冻寒冻雏形土；3.草毡/暗沃寒冻雏形土；4.草毡寒冻雏形土；5.有机滞水常湿雏形土；
6.漂白暗瘠寒冻雏形土；7.酸性湿润雏形土；8.铁质湿润淋溶土/雏形土；9.简育湿润富铁土/雏形土；
10.铝质常湿淋溶土；11.有机滞水潜育土

主要表现有 5 个方面：

（1）揭示青藏高原土壤的垂直–水平复合分布规律。

（2）建立西藏土壤分类系统及对高山冷、云杉–杜鹃林下的漂灰土进行深入研究。

（3）全面了解青藏高原土壤基本性质和土壤肥力特征。

（4）古土壤研究为高原隆起和环境变迁提供了佐证。

（5）进行西藏土壤资源评价和土壤分区。

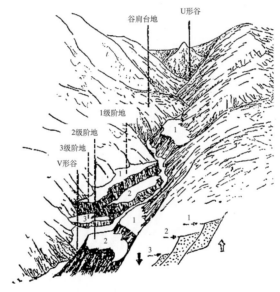

青藏高原隆升后河流下切形成的谷中谷示意图

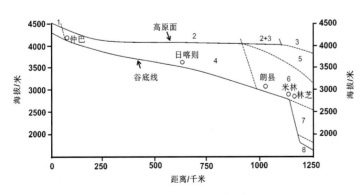

西藏高原河谷中的土壤下垂带谱

1.黏化/普通寒性干润均腐土；2.草毡寒冻雏形土；3.有机滞水常湿雏形土；4.简育/钙积灌淤干润雏形土；5.暗沃冷凉湿润雏形土和漂白暗瘠寒冻雏形土；6.简育湿润淋溶土/雏形土；7.铁质湿润淋溶土/雏形土；8.铝质常湿淋溶土/雏形土

漂灰土上的冷杉林（喜马拉雅山南侧）

这些研究已在国内外产生影响。高山土壤类型及高原土壤的垂直-水平复合分布规律和土壤分区，已进入大学教科书或作为西藏农校乡土教材；耕作土壤供肥、需肥能力和林地土壤评价的成果已在推广冬小麦，造林绿化，发展茶树、苹果、核桃等经济果木中得到应用，主要著作有：

《西藏的土壤》（中国科学院南京土壤研究所编辑），中国科学院南京土壤研究所作者有：刘朝端、何同康。

《西藏土壤》，中国科学院南京土壤研究所作者有：高以信、陈鸿昭和吴志东。

《珠穆朗玛峰地区科学考察报告1966—1968（自然地理）》，收集了中国科学院南京土壤研究所4篇文章，中国科学院南京土壤研究所执笔者有：高以信、费振文、陈鸿昭、许冀泉、杨德湧等。

《青藏高原隆起的时代、幅度和形式问题》，中国科学院南京土壤研究所作者有：高以信、陈鸿昭、吴志东。

《青藏高原地图集》，中国科学院南京土壤研究所作者有：高以信、陈鸿昭、熊国炎、刘朝端。

《横断山区土壤》，中国科学院南京土壤研究所作者有：高以信。

《喀喇昆仑山-昆仑山地区土壤》，中国科学院南京土壤研究所作者有：顾国安。

《拉萨土壤》（拉萨市农牧局编辑），中国科学院南京土壤研究所作者有：王浩清。

中国科学院南京土壤研究所参加的由刘东生、施雅风主持的课题"青藏高原隆起及其对自然环境与人类影响的综合研究"，获 1987 年国家自然科学奖一等奖。此次获奖肯定了土壤科学在学术上及生产上的重要作用。

青藏科考部分著作

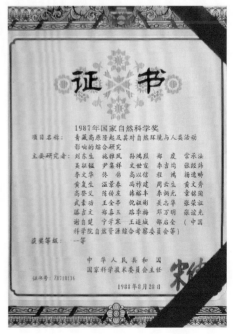

1987 年国家自然科学奖

6.5.4 美丽的青藏高原土壤生态环境

西藏高山草原土景观

用作牧草地的杜鹃灌丛，亚东县帕里（海拔 4400 米）

高山灌丛草甸景观（琼结县）

祁连山高山草甸上的羊群

青海海北高山草甸牧场

土壤：地球的皮肤

耕作亚高山草甸土景观，西藏安多

高原河谷中的县城与耕地，阿坝县（海拔 3290 米，张楚 摄）

高山草甸，青海祁连（张甘霖 摄）

退化高山草甸，念青唐古拉山（赵玉国 摄）

青海十一冰川（杨飞 摄）

现代冰川一角，曲水它泽拉（5500～5800米）

高山寒漠土景观

岩屑缝中生长着雪莲花（杨顺华 摄）

高山寒漠带

林芝桃花盛开（应义俊 摄）

7 大家风范
永照后人

发展一门学科，必须了解那个时代这门学科的带头人。科研活动只是科学家活动的一部分，也许更重要的则是他们的生活。

老一辈科学家的生活，常以不同的文学形式比如传记、自传、日记、通信和诗词等，传于世人。传记往往避免不了加工的痕迹，通信、诗词和日记才是最真实的生活和思想写照。

17 世纪法国著名哲学家布莱斯·帕斯卡尔（Blaise Pascal）在他的遗作《思想录》中说："人只不过是一根苇草，是自然界中最脆弱的东西，但他是一根能思想的苇草。……有了思想，便有了一切，有了整个宇宙，人的尊严就在于此。"

让我们思想的火花永不被时空所吞没，使大家风范，永照后人。

下面仅就老一辈有影响的 15 位土壤学家和相邻学科的杰出人士及其对后人的影响分述于后——大家底蕴深，润物细无声。

7.1 翁文灏——筹建了中国第一个土壤研究室

翁文灏（1889~1971），浙江鄞县人，是中国第一位地质学博士（1912，比利时），是与章鸿钊（1877~1951）、丁文江（1887~1936）齐名的我国地质科学事业的三位重要创始人。1922~1926 年，翁文灏继丁文江（任期为 1916~1921 年）之后任中央地质调查所代所长，1926～1937 年任所长；期间兼任北京大学地质系教授，清华大学地理系主任。1929 年 10 月，他在清华大学作了题为《中国地理区域及其人生意义》的演讲，指出我国人口多，耕地少，需要对地形气候与土壤作较大规模的研究。1934年发表了《中国土壤与其相关的人生问题》，强调了土壤研究对国民经济的重要作用。

翁文灏（1889～1971）　　　　翁文灏先生签名　　　　丁文江（1887～1936），中国，2016

基于这种认识，他在 1930 年向中华教育文化基金会申请拨款，成立了土壤研究室，作为地质调查所的一个组成部分，并兼任首届土壤研究室主任。先后延请了美国土壤学家潘德顿（Robert L. Pendleton）（1930～1933），接着续请梭颇（James Thorp）（1933～1936）作为土壤室的主任技师。在这 7 年中侯光炯、陈伟、周昌芸、李连捷、陈恩凤、朱莲青、熊毅、马溶之、李庆逵、宋达泉、刘海蓬等年轻土壤学家全力以赴，足迹遍及除西藏外的全国大部分地区，进行了前所未有的土壤概查，从而开启了中国土壤学的研究，佐证了土壤学脱胎于地质学的历史轨迹。

翁文灏与土壤室同仁合影（1935）

前排左起：熊毅、梭颇、翁文灏、周昌芸、李连捷

中排左起：朱莲青、刘海蓬、马溶之、李庆逵

1935 年西北土地资源考察

中国地质学会成立六十周年纪念，中国，1982

7.2 竺可桢——建立了中国科学院土壤研究所

竺可桢（1890～1974），浙江上虞人，中国地理学的开创者和现代气象事业的奠基人。1910年竺可桢赴美学习，先后在伊利诺伊大学农学院和哈佛大学地学系气象专业学习，1918年获博士学位回国，1918～1927年历任武昌高等师范学校、南京高等师范学校、东南大学和南开大学教授等。1936年竺可桢任浙江大学校长，中央研究院气象研究所所长。他在浙江大学任校长13年的时间里，将"求是精神"（Faith of Truth）作为校训。1949年10月后，竺可桢任中国科学院副院长，兼自然资源综合考察委员会主任、生物地学部主任等。在竺可桢的决策下，1953年将原中央地质调查所土壤研究室改建为中国科学院土壤研究所，成为世界上最大的土壤研究所之一。竺可桢在中国科学院的贡献是多方面的，特别是促进天然橡胶在我国成功种植、黄淮海平原的综合治理以及农业丰产经验总结等。从1936年起一直到逝世前，所记的《竺可桢日记》呈现出他刻苦努力、一丝不苟的治学原则，平易近人、虚怀若谷的民主作风和实事求是、坚持真理的大无畏精神。这是他留给后人十分宝贵的精神财富。

竺可桢邮票，中国，1988

竺可桢题"求是精神"

浙江大学建校一百二十周年，中国，2017

竺可桢（中）、李庆逵（左一）在海南岛（1957）

7.3 李庆逵——任务带学科出成果

李庆逵（1912.2～2001.2），浙江宁波人，毕业于复旦大学化学系，1948 年获伊利诺伊大学博士学位，是我国著名土壤学家，我国农业化学奠基人，著有《土壤分析法》、《中国红壤》、《中国土壤》和《中国磷矿的农业利用》等著作。曾任中国科学院南京土壤研究所副所长、中国土壤学会理事长、全国人大代表，1955 年当选中国科学院学部委员。中华人民共和国成立后，百废待兴，国防战略物资——天然橡胶特别匮乏，但橡胶树分布在赤道南北 10°以内，而我国热带、南亚热带分布在北纬 18°以北。为了橡胶北移，1957 年，成立了华南和云南生物资源考察队，李庆逵任副队长。他带领考察队，跋山涉水，战台风、冒酷暑，历时 6 年对红壤区热量、寒害、水分和土壤进行调查，基本查清了适合种植橡胶的宜林地。终于中国天然橡胶在北纬 18°～24°地区内大面积种植成功，产量名列世界第五。1982 年 10 月国家科委对该项技术颁发了重大科技成果发明一等奖。土壤科学在宜林地选择中发挥作用。李先生有一句名言："我们从解决生产实际问题着手，又从生产中发现问题，提出新课题，土壤科学就是这样不断前进的。"李庆逵先生主编的《中国红壤》的出版诠释了先生理论与实践相结合的指导思想。

李庆逵（1912~2001）　　　　　李庆逵先生签名　　　　　复旦大学建校一百周年，中国，2005

李庆逵、熊毅、陆发熹与苏联土壤学家柯夫达、格拉西莫夫在海南岛考察（1957）　　　橡胶树，新加坡，2008

《中国红壤》李庆逵主编　　　　　主编李庆逵先生与《中国红壤》部分作者在杭州（1995）

李庆逵、石华、赵其国、龚子同在西双版纳考察　　　　　　　　　　　傣族建筑，中国，1998
（云南西双版纳，1981）

7.4　熊毅——把论文写在祖国大地上

　　熊毅（1910.4～1985.1），贵州贵阳人，北京大学农学院毕业。曾任中央地质调查所土壤研究室主任，1947年赴美留学，1951年获威斯康星大学博士学位。曾任中国科学院南京土壤所所长，1980年当选中国科学院院士，第六届全国人大代表。毕生从事土壤研究工作，是我国土壤胶体化学和土壤矿物学的奠基人，也是生态和环境科学研究的开拓者。主编《中国土壤图集》、《华北平原土壤》和《土壤胶体》等。

　　他领导了华北平原土壤调查，对华北平原旱涝盐碱首次采用"井灌井排"的治理方法，取得了重大成功。这个由中科院和农业部联合主持的项目，1993年获国家科技进步奖特等奖。

　　熊毅回国时，其美国导师曾嘱咐，"你的著作要多用英文写，以便尽早看到你的著作"。这句话他一直铭记在心。但是多年来，由于他几乎以全部精力承担国家任务，去解决生产建设中遇到的土壤问题，无更多时间亲自系统地从事自己专业特长的研究。对此，他不无感慨："我算过一笔账，是我写几本书对国家贡献大，还是培养几十个人、解决几十个实际问题贡献大呢？从祖国和人民需要，我选择了后者。"他从未忽视对年轻人的培养和教导，他对年轻人说："建高塔，根基要坚固，塔基面积要大。"他即使一篇文献也认真对待（见熊先生给陈怀满的便签），信中充满了师生情谊，对后人的热切期待。

熊毅（1910~1985）

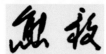

熊毅先生签名

封丘县赠送熊毅纪念像

当年打的五口梅花井之一

梅花井

梅花井说明

北京大学建校一百年，中国，1998　　　　熊毅给陈怀满的便笺　　　　陈怀满的回信

7.5　马溶之——开拓土壤时空分布研究

　　马溶之（1908.11～1976.4），河北保定人，著名土壤学家，我国土壤地理学奠基人之一。1933年毕业于燕京大学地质地理系，受业于第四纪地质学家巴尔博（G. B. Barbou），1934年进入中央地质调查所，曾任中国土壤学会理事长。1953年起任中国科学院土壤研究所所长，兼任南京大学教授。1957年德意志民主共和国农业科学院授予他"通讯院士"称号，1965年任中国科学院综考会副主任。1955～1957年兼任中国科学院黄河中游水土保持综合考察队队长，1958～1960年兼任中国科学院甘青地区综合考察队副队长，1961～1963年兼任中国科学院宁夏内蒙古地区综合考察队队长，为大西北的开发作出了贡献。

　　马溶之先生在土壤分类、地理分布、土壤制图、古土壤研究、第四纪地质和黄土成因等方面进行了开创性研究。他参与领导了全国第一次土壤普查；编制了第一幅中国土壤图（1：400万）和第一幅中国土壤区划图。他提出的欧亚大陆土壤水平分布规律备受世人瞩目。他最早正确指出（1955年）"黄土中有古土壤"，为第四纪研究作出了巨大贡献。他在世界上最早提出人为活动在土壤形成中的作用。他是我国土壤时空分布研究的开拓者。

马溶之（1908~1976） 马溶之先生签名 内蒙古景观

马溶之在内蒙古土壤考察（1934） 内蒙古民居，中国，1986

马溶之（前排右四）与全国土壤普查资料编审座谈会参会人员合影（1961）

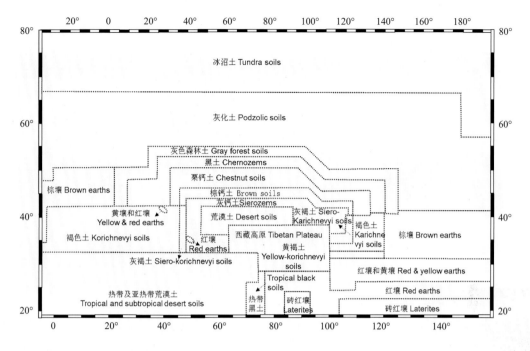

马溶之先生之欧亚大陆的土壤水平分布图

7.6 李连捷——要实现中国土壤分类站在世界之林

李连捷（1908.6～1992.1），河北玉田人，著名土壤学家，1932 年毕业于燕京大学理学院，1944 年获伊利诺伊大学农学院博士学位，1932 年入中央地质调查所土壤室。1945 年当选为中国土壤学会理事长。1947 年转入北京农业大学任教授。李连捷是我国土壤研究的开拓者之一，1955 年当选中国科学院学部委员，对我国土壤发生分类、地理分布、第四纪地质以及土地资源的评价和规划提出了许多新观点，为我国土壤科学发展和人才培养作出了杰出贡献，留下了发人深省的促进土壤分类发展的至理名言（见附信）。

李连捷（1908～1992）

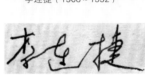

李连捷先生签名

李连捷院士铜像落成仪式，中国农业大学，2008

天坛·祈年殿，中国，1997

西安城墙·箭楼，中国，1997

八十寿辰有感

李连捷（1988）

风雨无情八十载，征途坎坷万里埃。

初入秦川分泾渭，百下江南叹陆沉。

雪压高原千里寂，沙沸瀚海绿洲焚。

盛世百年人不老，伏枥犹希越昆仑。

首先我们必须把土壤分类赶上去，土壤分类应现代化。不要忘记我国有 960 万平方公里的土地与 12 亿人口，我们有许多不在经传上的土壤和千百年来人为变动的土壤，都应有科学系统的分类，换句话说，我们自己得努力推敲，有时比作古诗难；你们不是学皮毛的，而是搞真学问！你们做的不是一篇论文、一本书，而要实现中国人站在世界之林的大事！

李连捷　　　1991.1.15

在国内土壤界的共同合作和努力下，特别是老一辈土壤学家的指导和帮助下，经过 20 年的协作研究，实现了中国土壤分类从定性向定量的跨越，成为世界主流土壤分类之一，2004 年"中国土壤系统分类"获国家自然科学奖二等奖。

7.7　侯光炯——探索土壤奥秘，预测土壤变化

侯光炯（1905～1996），上海市人。1928 年北平农学院农化系毕业，1931～1940 年在中央地质调查所工作，1937～1940 任室主任，1946～1952 年任四川大学教授，1953 年以后先后任西南农学院教授，中国科学院重庆研究室主任，1955 年当选为中国科学院学部委员。侯光炯是我国著名土壤学家，长期深入农村运用其生物热力学观点，研究"水田自然免耕"技术获得成功，是我国最早提出免耕并成功应用的土壤学家之一。该技术已在全国十多省市推广，增产效果显著，为发展我国土壤科学作出了贡献。

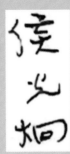
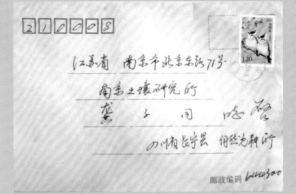

侯光炯（1905～1996）　　侯光炯先生签名　　侯光炯先生信件

侯光炯先生与张桃林、龚子同在国际土壤学会上（1994）

四川大学建校一百二十周年，中国，2016

重庆风貌，中国，1998

半个世纪以来，侯光炯坚持在为生产服务过程中发展土壤科学。他认为脱离农业生产研究土壤，就无法掌握土壤的演变，预告土壤的归宿，就难以窥测土壤的奥秘。从这种认识出发，他不是为土壤而研究土壤，而是为农业生产而研究、考察土壤的变化和发展。从 1973 年起，他已在农村研究了 18 个寒暑。中共四川省委、中国科学院成都分院以及西南农学院领导考虑到他年迈体弱，劝他回到学校从事培养青年人才的工作，他总是婉言谢绝，还幽默地说"高楼大厦是不会产生土壤科学的"，仍坚持在农业生产第一线。

7.8 陈华癸——科研的起点要高，根基要深

陈华癸（1914.1～2002.11），中国土壤微生物学家，1914 年生于北京市，祖籍江苏省昆山市。1935 年北京大学生物系毕业。1936 年赴英国伦敦大学细菌及热带病学院学习，于 1939 年获哲学博士学位。次年回国在西南联合大学工作，1941 至 1945 年任中央农业试验所土壤系技正。1946 年任北京大学农学院教授、系主任。1947 年任武汉大学农学院教授、系主任。1952 年院系调整后，任华中农学院教授，创建土壤及农业化学系，任系主任。1979 年至 1983 年任华中农学院院长。1980 年当选为中国科学院院士。长期从事土壤微生物研究，对土壤微生物区系、土壤中物质的生物循环、豆科的根瘤菌共生固氮等都有深入研究。早在 20 世纪 30 年代初，他首先发现根毛被根瘤菌感染前，发生伸长和弯曲现象与根瘤菌分泌生长素类物质的作用有关，阐明了共生固氮有效性机理的一个重要方面；40 年代初与他人合作，首先发现紫云英根瘤菌和紫云英结瘤共生固氮是一个独立的"互接种族"，在菌剂的生产和应用上有重要的实践意义。60 年代初筛选出紫云英根瘤菌的优良菌种，为中国南方迅速扩大双季稻紫云英栽培面积，提供了重要科技手段；70 年代他又开展了共生结瘤固氮的分子遗

传学研究。他率先开展了夏水冬旱的水稻土中氨态、硝态氮季节性变化的研究，开拓了中国水稻土营养元素生物循环研究新领域，并发现水稻土中有兼嫌气性硝化微生物进行亚硝化作用。

陈华癸长期从事高等农业教育，培养了大批人才。他与樊庆笙共同主编的《微生物学》教材（第4版，1987）被广泛使用。陈先生治学严谨，学风正派，思想活跃，富于创新精神，他讲的"科研的起点要高，根基要深"的谆谆教导流传广，影响深远。

中国科学院院士陈华癸教授

陈华癸先生签名

观察土壤与作物中的微生物，朝鲜，1994

昆山周庄，中国，2001

武汉大学建校一百二十周年，中国，2013

陈华癸教授在观察紫云英的结瘤情况

国际土壤学会第六次代表大会
陈华癸（左一）、黄瑞采（左三）

陈华癸先生 80 周年诞辰与学生
（从右至左：龚光炎、丁昌璞、陈华癸先生及夫人、
徐凤琳、程时杭、皮美美、张世贤）

7.9　朱显谟——念念不忘"黄河清"的梦想正在实现

朱显谟（1915.12～2017.10），上海市人。1940年中央大学农化系毕业，1946年调入中央地质调查所。1953年进入中国科学院土壤研究所，1958年调入中国科学院西北水土保持所。1991年当选为中科院院士。朱先生长于土壤发生和土壤侵蚀研究，发展了黄土的风成学说，并进一步指出"黄土剖面中的红层是古土壤"。自古以来民间流传着"圣人出而黄河清"的期盼。中华人民共和国成立后，根治黄河水患，开发黄河水利，成为国家建设重点任务。朱先生以毕生的精力投入黄土高原综合治理。他58年间先后20余次深入黄土高原实地考察，踏遍黄土高原的沟沟坎坎，总结出黄土高原国土治理"28字方略"——"全部降水就地入渗拦蓄，米粮下川上塬，林果下沟上岔，草灌上坡下坬"。他教导年轻人既要读万卷书，更要行万里路。他提出的"28字方略"是科学研究与群众的智慧结合的成果，得到广泛应用和推广。

随着黄土高原大面积退耕还林（还草）工程的实施，朱先生念念不忘"黄河清"的梦想正在实现。

朱显谟（1915～2017）

朱显谟先生签名

南京大学建校一百一十周年，中国，2012

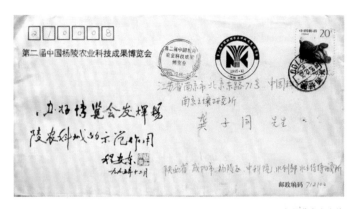

朱显谟先生来信

与朱显谟先生在中科院西安分院合影（1991）

黄土高原土壤景观

黄河，中国，2015

7.10 朱祖祥——为国为民为社作贡献，求真求善求美弘文化

朱祖祥（1916.10～1996.11），浙江宁波人，1938 年毕业于浙江大学农学院，1948年在美国密歇根州立大学获博士学位。1949～1952 年担任浙江大学农业化学系主任，1980 年当选为中国科学院院士，1978 年以后历任浙江农业大学副校长、校长、名誉校长、浙江省人大副主任、中国土壤学会副理事长。他知识渊博、硕果累累，研究论证了影响养分有效度的"饱和度效应"和"陪补离子效应"等概念，并在绿肥"起爆效应"等方面成绩卓著，是我国著名土壤学家，我国土壤化学的奠基人之一。他创办了一个出色的土壤农化系和农业环保系。他是中国水稻研究所的创建者和首任所长。朱先生为实现他的理想追求——"为国为民为社作贡献，求真求善求美弘文化"而奋斗终身，培养了大批优秀的土壤学人才。

朱祖祥（1916～1996）

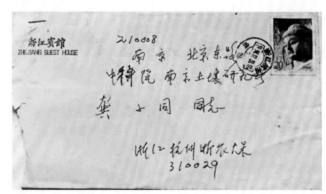

朱祖祥先生与同事通信

浙江大学建校一百二十周年纪念邮册，中国，2017

朱祖祥先生书法对联

为国为民为社稷，求真求善求美弘文化

朱祖祥 一九九〇年 五月

朱祖祥先生与校友、毕业生在一起（1995）

朱祖祥在家中欢迎校友，左起：季振高、朱祖祥、胡国松、龚子同、曹志洪、施卫明（1995.11）

7.11 陈恩凤——博采众长，青出于蓝胜于蓝

陈恩凤（1910.12～2008.6），江苏句容人，著名土壤学家，农业教育家。1933年毕业于金陵大学，1938年获德国柯尼斯堡大学博士学位。曾先后于中央地质调查所、复旦大学、沈阳农学院等多家科研院所任教，在土壤地理、土壤改良和土壤肥力方面均有深入研究。阐明了土壤肥力实质及培肥途径，提出了以水肥为中心改良盐碱地的综合措施，为土壤科学人才培养和土壤科学的发展作出了重大贡献。

陈恩凤（1910～2008）

互通消息，多付佳音，相互学习，不断前进。

陈恩凤

1992.9.23

陈恩凤先生信笺

陈恩凤与梭颇等同事合影
右起：陈恩凤、李庆逵、梭颇、李连捷、熊毅（南京，1980）

南京大学明信片

复旦大学建校一百周年，中国，2005

陈恩凤先生来信

土壤：地球的皮肤

278

陈先生的治学格言（1962）流传广、深受欢迎：

"依靠阅读文献，这是静止的；依靠导师的指导，这是动的。两者比较起来，主要依靠阅读文献，这是随时需要的。这是指阅读有关研究课题的文献，目前有文摘。查文献不是项费时的事，过了这个阶段以后就是积累的阶段，过了3～5年后一定要掌握这个课题的全部资料，否则就算不上入门。阅读文献，就是古代、就是错误的文献也得阅读。这对培养独立思考、掌握本学科的发展过程有极为重要的意义，先狭窄后宽广。一个科学家、一个哲学家非有广泛的基础不可。人想一杠子到天顶是不可能的。对于导师要求不能过高，因为现在的导师很少，要看到导师的一技之长，要虚心向导师学习。导师能指出方向，教给方法，提出预见性，避免盲目性，帮助你少走弯路。导师的指导只是指点方法。我们要学习导师治学的经验和方法，主要还是依靠自己的主动锻炼。与导师的关系，不是师生关系，而是半师半生的关系，青年人不胆怯，老年人不歧视，因为一定是青出于蓝胜于蓝。青年人对导师在礼貌上要客气，在学识上对就对，不对就不对。对于搞科研的青年人，依据工作能力的不同要分清独立、半独立和未独立的，加以不同的帮助和启示。"

7.12 于天仁——科研工作需要"水滴石穿，绳锯木断"的精神

于天仁（1920.2～2004.5），山东郓城县人，1941年考入西北农学院农化系。1945年入中央地质调查所工作。1953年入中国科学院土壤研究所。经历10多年的探索，认识到土壤中带电粒子（胶体、离子、质子和电子）之间的相互作用及其化学表现。1961年他首先在中国科学院土壤研究所建立了土壤电化学研究室，并创立了以土壤带电粒子之间相互作用及其化学表现为中心的土壤电化学研究体系，取得了丰硕的成果，其中以中英文出版的《可变电荷土壤的电化学》在国内外影响较大，为土壤科学发展作出了杰出贡献。1995年当选为中国科学院院士。

西北农学院明信片

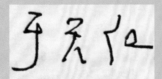

于天仁（1920～2004）　　　　于天仁先生签名　　　　《可变电荷土壤的电化学》，于天仁主编

于天仁之子对其父的治学精神的回顾值得一读：

　　父亲多次与于雷、于宙谈论科学研究的策略和方法。父亲说，每个人都有长处和短处，关键在于如何扬长避短，才能有所成就，有所贡献。他以自己为例，说他在年轻时就发现虽然自己对科学研究很有兴趣，但是动手能力平平。因此在他组建的实验室初具规模以后，他就把主要精力放在实验课题的设计、实验结果的分析和课题的总结方面，而充分发挥动手能力强的同事在科学实验中的作用。这样，整个实验室的工作人员各施所长、密切配合，才得以取得很好的科研成果。父亲还强调说，科研工作需要勤奋，只有耕耘不止，不断进取，科研工作才能有所进展。父亲说，科研工作需要"水滴石穿、绳锯木断"的精神。科研工作中的重大突破是有的，但是很少，偶尔发生。更重要的是日积月累，这样一步一步地向前走，经过一个阶段才会有明显的进展。

于天仁在做土壤电化学实验（1986）

举办土壤发生中的化学过程研讨会（1986）

7.13 刘东生——科学研究要毫无功利之心

刘东生（1917.11～2008.3），辽宁省沈阳市人，中国科学院地质与地球物理所研究员，中国科学院院士，第六、第七届全国人大常委会委员，2003 年获国家最高科学技术奖。他是第一位当选国际第四纪研究会（INQUA）主席（1991）、第一位获得泰勒环境成就奖（2002）和洪堡奖（2007）的中国科学家，为国家争得了荣誉，为民族争了光。刘先生光明磊落、克己奉公，对党和国家、对人民无限忠诚，直到 88 岁还深入罗布泊秘境考察，为科学奋斗到最后一刻。

《马溶之与中国土壤科学》（江苏科学技术出版社，2007 年 10 月出版）中，刘先生抱病写成了"土壤学家马溶之先生对第四纪研究的贡献"一文。众所周知，刘先生对黄土研究的贡献举世瞩目，但他文中特别提到马先生与他一起考察三趾马红黏土时曾说："三趾马红土中有古土壤……给我的印象深刻极了！"刘先生赞扬马先生"毫无功利之心，赤诚效忠于科学的大公无私的精神，把自己的认识告诉后辈青年的做法，也许是科学研究中最普通又最宝贵的传承……"。

刘先生说：这本纪念文集会使人们又回想起马先生当年在土壤研究室创造的那种各抒己见激烈辩论的学术氛围，那种彷徨于大山、荒芜原野中孤独的调查者的身影，以及对祖国资源考察、开发利用方面那种全身心投入的精神种种片段，而各种片段汇集在一起，就是地质和土壤学家对科学目标的追求，今天马先生等老前辈为之努力的目标已经逐步实现，也许这正是马先生所希望看到的结果吧！

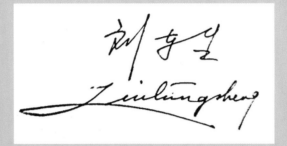

刘东生（1917～2008）　　　　　　　　　　　　　　　　　刘东生先生签名

刘东生（左二）在洪堡奖章颁奖仪式上与 P. Fabian　　　　刘东生先生在查阅《中国土壤系统分类》
（左一）、A. Berger（左三）及丁仲礼合影（2007）

第十三届国际第四纪研究联合会大会（1991）　　　《刘东生：揭开黄土的奥秘》　　　《黄土与环境》，刘东生等著

7.14 施雅风——不克服困难，不经艰苦奋斗，任何事业都难成功

施雅风（1919.3～2011.2），江苏海门人，中国科学院地理与湖泊研究所研究员，兰州冰川冻土所前所长，中国科学院院士，中国科学院生物地学部副主任，国际冰川学会荣誉会员，我国杰出的地理学家，冰川学家，中国现代冰川、冻土学和泥石流学开拓者和奠基人。从 20 世纪 50 年代末开始，在极其艰苦的条件下，施先生率队先后对祁连山、天山、喜马拉雅山和喀喇昆仑山等进行了一系列的科学考察和研究。提出亚洲冰川可分为海洋性、亚大陆性和极大陆性冰川等三大类型。施先生开创和推动了我国冰川物理、冰川水文、冰芯和环境、冰雪灾害和第四纪冰川等方面的研究，系统地发展了中国冰川学理论和实践，把中国冰川学推向世界。施先生成就巨大，他的教导更感人肺腑："终生事业一旦选定，就要以坚忍不拔的意志和决心来完成这个事业。不克服困难和挫折，不经过艰苦奋斗，任何事业都不能轻而易举地获得成功。这时，辩证地看待苦与乐，正确地掌握'苦''乐'观，可为勇闯'苦'关，助一臂之力！……有大苦才有大乐。"

施雅风（1919～2011）

施雅风先生题字

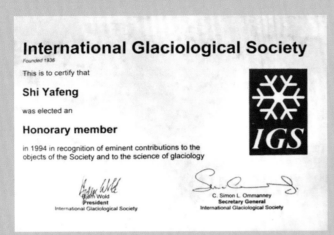

International Glaciological Society

Founded 1936

This is to certify that

Shi Yafeng

was elected an

Honorary member

in 1994 in recognition of eminent contributions to the objects of the Society and to the science of glaciology

Bjørn Wold
President
International Glaciological Society

C. Simon L. Ommanney
Secretary General
International Glaciological Society

施雅风先生获评国际冰川学会荣誉会员

珠穆朗玛峰北坡绒布德新冰期终碛（中部）及绒布寺终碛（近景）（郑本兴 摄）

玉珠峰（蒲健辰 摄）

大家风范 永照后人

长白山冰川，中国，1993

喜马拉雅山冰川，中国，2004

喀喇昆仑山冰川，中国，2018

天山冰川，中国，1996

施雅风先生自题诗

7.15 李振声——寂静的土壤养育着万紫千红的生命世界

李振声（1931年—），山东淄博人。中国科学院前副院长，中国科学院院士，第三世界科学院院士，著名小麦遗传育种专家。他从事小麦遗传育种50多年来，培养出抗病、抗逆、优质小麦品种，开创了小麦远缘杂交育种在生产上大面积推广的先例。他创建了蓝粒单体小麦系统，发明了快速选育小麦异代换系的新方法——缺体回交法，为小麦染色体工程育种开辟了一条新路径，成为我国小麦远缘杂交育种的奠基人。他开创了小麦磷、氮营养高效利用研究新领域，提出了以"少投入，多产出，保护环境，持续发展"为目标的育种新方向。

李振声院士曾获全国科学大会奖、国家科技发明奖一等奖、陈嘉庚农业科学奖、何梁何利基金科学与技术进步奖、中华农业英才奖等，2006年获国家最高科学技术奖。

李振声先生不仅是杰出的遗传学家，也是造诣很深的书法家。

2015年"世界土壤日"之际，我们敦请李先生为《寂静的土壤》一书题字，他欣然同意，赐赠墨宝。他赞赏土壤朴实无华，无私奉献，指出默默无闻的土壤养育着万紫千红的生命世界，使广大农民和农业科学工作者深受鼓舞。

李振声院士邮票和纪念封

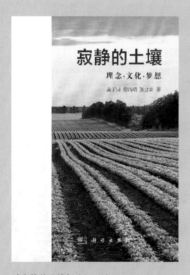

《寂静的土壤》（2015）

李振声先生题字（2016）

李振声（左一）与朱显谟（左二）和周光召（左三）

夏令营与"寂静的土壤"（2017）

万紫千红的花卉

硕果累累庆丰收，匈牙利，1986

结　语　◀

　　土壤是一个开放的系统，是成土母质、生物、气候、地形、成土年龄以及人为活动的函数，也是五大圈层的纽带，有着不可取代的功能。

　　土壤非常美妙。她为根系提供固定场所，容纳植物生长所需的水分，提供维系生命的营养物质，土壤维持了人类的世代繁衍。如果没有土壤，地球的景观就会像火星一样荒芜。地球上四分之一的动物生活在我们脚下的土壤里，在这里，微生物通过自身的代谢，完成土壤中一系列生物化学过程，为固定大气中的氮，分解土壤中的有机物质等提供了帮助，同时土壤也是我们熟悉的蚯蚓、蚂蚁和肉眼看不见的微生物的聚集场所。无论观察土壤表面或内部，或者利用改良土壤，我们都会发现土壤如此丰富多彩。地球表面的物种多样性以及为人类提供的各种生存环境都反映出，土壤作为地球活的皮肤（Soil—the earth's living skin）是多么具有生命力。

　　首先，土壤具有生产功能，"民以食为天，食以土为本"，谁掌握了粮食安全，谁就主宰了人类的命脉；其次，土壤具有环保功能，土壤具有吸附、分散、中和和降解环境污染物的缓冲和过滤作用；第三，土壤是生物基因库和种质资源库，至今人类已开发并应用于工、农、医、环保等领域的微生物已达数百种，前景广阔；第四，土壤是全球碳循环中的重要碳库，土壤碳库是大气碳库的 2 倍，复垦、造林，退耕还林、还牧，尤其是免耕促进了土壤固碳；第五，土壤具有保存自然文化遗产的功能，名震中外的秦始皇兵马俑是我国古代文明的宝藏；第六，土壤是景观旅游资源，包括自然土壤景观、山区土壤景观和水乡土壤景观；最后，土壤还具有建筑物材料和支撑功能等，是它托起了世界上许多大城市和超大城市。

这里要特别强调，粮食是社会的稳定器，土壤是粮食生产的大本营，没有健康的土壤就没有健康的人类生活；而土壤环境是人类生存的必要条件。我们一定要像爱护母亲一样爱护我们脚下的土壤，摒弃那些鄙视土壤的陈规陋习，树立"惜土如金"的良好风尚。

土壤是有其本身发生发展规律的历史自然体。人类只是地球生命中的一个结。人类经历了数千年的农业文明的进化以及几百年的工业文明的发展，土壤为人类文明作出了巨大贡献。但随着人口的增加，人们对土壤的要求越来越多，加上工业化和城镇化对土壤的冲击，人们破网除结，误以为"人定胜天"，打破了自然生态平衡，人们若不能正确对待大自然的馈赠，无止境地索取，不仅阻碍经济发展，还将威胁人类的生存。

本书文字叙述言简意赅，图像表达美轮美奂。本书依托邮文化讲述土壤学的故事。邮票具有科学的内涵，艺术的外貌；票小容天地，纸薄纳古今。谁没有借信函传递过信息？又有谁没有触摸过脚下的泥土？2000 余张五彩缤纷邮票和信件让土壤知识插翅翱翔，处处充满了盎然情趣和诗意。

邮票以精致的画面展示了丰富多彩生机盎然的土壤世界；揭开了土壤前世今生的神秘面纱；闪烁着千百年来人们所积累的用地的智慧光芒；探索了极地土壤环境在全球变化中的奥秘；挖掘出埋藏于脚下的土层里环境变迁的证据。

这是一次土壤学的历史回顾；

这是一次土壤学知识的博览；

这是一次对人类用地智慧的赞赏；

这是一次对土壤之美的尽情享受；

这是老一辈土壤学家教导的集锦；

这是对自然的敬畏，对大地的感恩！

土壤邮文化植根于锦绣大地。这里有看不完的美景，讲不完的故事。土壤肥沃，鲜花瑰丽，我们欣赏鲜花，更爱我们的大地母亲。

著名诗人艾青说过："为什么我的眼里常含泪水？因为我对这土地爱得深沉！"

希望通过一个个土壤故事的讲述，让土壤知识流动，让土壤情怀传递，让我们拥抱大地，亲吻家乡的热土，共建我们爱土、护土的中国梦，保护我们地球家园的永续繁荣！

致 谢

感谢中国科学院南京土壤研究所、中国科学院南京地理与湖泊研究所各位领导的指导和支持，感谢中国土壤学会和中国科学院南京土壤研究所老科协的支持和帮助，以及中国科学院科普专项、国家科技基础性工作专项（项目编号 2014FY110200）等项目的资助。

感谢土壤时空团队主要成员赵玉国、杨金玲和李德成的大力支持和帮助；感谢陈杰、孙立广和陈留美所提供的宝贵的极地第一手资料；感谢杨飞、龚一平和沈晨露在出版过程中的具体协助；同时感谢杨苑璋、陈鸿昭对本书提出的宝贵意见；也感谢课题组成员协助整理相关资料。没有他们的合作和帮助，本书无法完成。

本书中选用邮票、信件、照片和图片逾千张，其中邮票、信件来源于作者与各同行的收集整理；照片由作者与各同行拍摄并提供；图片绝大部分来源于学术刊物，已在参考文献中引用，还有极少部分来源于网络，已注明出处。在此一并致谢。若仍有疏漏，敬请告知。

本书涉及面广量大，偏颇疏漏之处，自知难免，敬请批评指正，以便订正。

主要参考文献

曹寅, 彭定求, 等. 1986. 全唐诗. 上海: 上海古籍出版社: 387-410

陈鸿昭. 2013. 自然景观素描技法. 北京: 学苑出版社

陈焕春, 喻子牛, 李阜棣, 等. 2014. 陈华癸先生诞辰 100 周年纪念文集. 北京: 科学出版社

陈杰. 2011. 极地土壤研究 // 张甘霖, 史学正, 黄标. 土壤地理研究回顾与展望:祝贺龚子同先生从事土壤地理研究 60 年. 北京: 科学出版社: 29-45

陈杰, 龚子同, Blume H P. 2000. 南极菲尔德斯半岛地区土壤中主要元素的迁移与富集. 极地研究, 12(2): 81-88

陈能场, 张晓霞. 2017. 邮票上的土壤学. 今日科苑, (1): 58-63

高以信, 陈鸿昭. 1985. 西藏土壤. 北京: 科学出版社

高以信, 李明森. 2000. 横断山区土壤. 北京: 科学出版社

龚子同. 1979. 日本是怎样保护土壤资源的. 光明日报: 08-30

龚子同. 1982. 土壤地球化学的兴起和发展. 土壤学进展, 10(1): 1-17

龚子同. 1996. 日本土壤学研究的新趋势. 土壤, 28(6): 332-334

龚子同. 1997. 神奇的南非大自然. 地理知识, (1): 19-21

龚子同. 2002. 倾听大地的呼唤. 中国老区建设, (1): 24-25

龚子同. 2005. 朱显谟先生是我们的良师益友——贺朱显谟先生九十华诞. 土壤, 37(05): 575-576

龚子同. 2008. 李连捷教授与中国土壤系统分类——纪念李连捷教授诞辰 100 周年//中国农业大学资源与环境学院. 李连捷院士与中国土壤科学. 北京: 中国农业大学出版社: 73-79

龚子同. 2008. 缅怀马溶之教授——纪念马溶之诞辰 100 周年. 第四纪研究, (5): 176-182

龚子同. 2012. 从俄罗斯黑钙土到中国黑土——纪念宋达泉先生诞辰 100 周年. 土壤通报, 43(5): 1025-1028

龚子同. 2013. B. B. 道库恰耶夫——土壤科学的奠基者——纪念 B. B.道库恰耶夫《俄罗斯黑钙土》发表 130 周年. 土壤通报, 44(5): 1266-1269

龚子同, 等. 2014. 中国土壤地理. 北京: 科学出版社

龚子同, 陈鸿昭. 1993. 东亚土壤资源的特点及其治理对策. 地理科学, 13(2): 105-112

龚子同, 陈鸿昭, 杨帆, 等. 2017. 中亚干旱区土壤地球化学和环境. 干旱区研究, 34(1): 1-19

龚子同, 陈鸿昭, 袁大刚, 等. 2007. 中国古水稻的时空分布及其启示意义. 科学通报, 52(5): 562-567

龚子同, 陈鸿昭, 张甘霖. 2015. 寂静的土壤. 北京: 科学出版社: 1-197

龚子同, 程云生, 胡纪常. 1978a. 阿尔巴尼亚土壤及其利用. 国外土壤地理: 29-72

龚子同, 程云生, 胡纪常. 1978b. 罗马尼亚土壤研究的进展. 国外土壤地理: 1-12

龚子同, 高以信. 1992. 从对日本几个土壤剖面的认识看东亚及东南亚地区的土壤分类. 土壤, 24(6): 324-328

龚子同, 王汝楠, 尤文瑞. 1979. 从土壤学角度看朝鲜农业的发展. 土壤, (5): 202-204

龚子同, 王志刚, Darilek J L, 等. 2010. 20世纪美国土壤学家对中国土壤地理学的贡献. 土壤通报, 41(06): 1491-1498

龚子同, 张甘霖. 2010. 竺可桢与中国土壤科学的发展. 土壤, 42(2): 323-327

龚子同, 张甘霖, 黄标, 等. 2008. 第18届国际土壤学大会的启示意义. 土壤通报, 39(1): 158-162

龚子同, 张甘霖, 杨飞. 2013. 南海诸岛的土壤及其生态系统特征. 生态环境学报, 22(2): 183-188

龚子同, 张效朴. 1992. 湄公河三角洲土壤与农业开发. 农业现代化研究, 13(5): 312-316

龚子同, 张效朴. 1994. 中国的红树林与酸性硫酸盐土. 土壤学报, 31(1): 86-94

龚子同, 章扬德, 史德明, 等. 2016. 20世纪中苏土壤科学的交流. 土壤通报, 47(2): 257-264

黄昌勇. 2000. 土壤学. 北京: 中国农业出版社: 1-312

蕾切尔·卡逊. 1979. 寂静的春天. 吕瑞兰, 李长生, 译. 长春: 吉林人民出版社

李近朱, 陈宇. 2011. 邮说中国: 邮票背后的共和国历史. 上海: 上海科学技术文献出版社

李庆逵. 1983. 中国红壤. 北京: 科学出版社

李约瑟. 1990. 中国科学技术史. 北京: 科学出版社

刘东生. 2008. 土壤学家马溶之先生对中国第四纪研究的贡献. 第四纪研究, (5): 959-961

刘强. 2015. 百年地学路 几代开山人: 中国地学先驱者之精神及贡献. 北京: 科学出版社: 414-433

刘兴文, 石华, 李昌纬. 1978. 几内亚土壤概况. 国外土壤地理: 73-103

马溶之, 文振旺. 1959. 中国土壤区划（初稿）. 北京: 科学出版社

潘云唐. 2008. 刘东生: 揭开黄土的奥秘. 北京: 新华出版社

秦克诚. 2014. 方寸格致: 邮票上的物理学史(增订版). 北京: 高等教育出版社: 1-741

沈仁芳. 2018. 土壤学发展历程、研究现状与展望. 农学学报, 8(1): 44-49

施雅风. 2007. 缅怀杰出的土壤学家马溶之教授 // 中国科学院南京土壤研究所. 马溶之与中国土壤科学. 南京: 江苏科学技术出版社: 61-63

孙立广. 2012. 南极100天. 济南: 明天出版社

孙立广. 2006. 南极无冰区生态地质学. 北京: 科学出版社

孙立广. 2018. 风雪二十年: 南极寻梦. 杭州: 浙江教育出版社

王君, 姜晶. 2005. 三句对话我去了南极——访陈杰. 金陵晚报, 11-16: A15

王云森. 1980. 中国古代土壤科学. 北京: 科学出版社

乌纳·雅各布. 2011. 大地的四季. 耕林文化, 译. 南京: 江苏少年儿童出版社

席承藩. 1978. 越南的主要土壤类型. 国外土壤地理: 13-28

夏训诚. 2007. 中国罗布泊. 北京: 科学出版社

熊毅, 李庆逵. 1987. 中国土壤（第二版）. 北京: 科学出版社

熊毅, 席承藩, 等. 1961. 华北平原土壤. 北京: 科学出版社

于天仁, 季国亮, 丁昌璞. 1996. 可变电荷土壤的电化学. 北京: 科学出版社

赵其国. 1986. 澳大利亚土壤及土壤科学研究近况. 土壤, (6): 48-53

赵其国, 刘兴文. 1978. 古巴土壤概要. 国外土壤地理: 104-138

浙江大学《纪念朱祖祥院士诞辰 90 周年文集》编辑委员会. 2006. 求真·求善·求美: 纪念朱祖祥院士诞辰 90 周年. 北京: 科学出版社, 15-17

郑度. 2015. 中国自然地理总论. 北京: 科学出版社

中国科学技术协会. 2013. 中国科学技术专家传略·农学编·土壤卷 3. 北京: 中国科学技术出版社

中国科学院寒区旱区环境与工程研究所. 2008. 庆祝施雅风 90 华诞照片集

中国科学院林业土壤研究所. 1980. 中国东北土壤. 北京: 科学出版社

中国科学院南京土壤研究所. 2003. 熊毅文集. 北京: 科学出版社

中国科学院南京土壤研究所. 1992. 李庆逵与我国土壤科学的发展. 南京: 江苏科学技术出版社

中国科学院南京土壤研究所西沙群岛考察组. 1977. 我国西沙群岛土壤和鸟类磷矿. 北京: 科学出版社

中国科学院青藏高原综合科学考察队. 1985. 西藏土壤. 北京: 科学出版社

中国科学院青藏高原综合科学考察队. 2000. 喀喇昆仑山-昆仑山地区土壤. 北京: 中国环境科学出版社

中国科学院塔克拉玛干沙漠综合科学考察队. 1994. 塔克拉玛干沙漠地区土壤和土地资源. 北京: 科学出版社

中国科学院自然区划工作委员会. 1959. 中国土壤区划. 北京: 科学出版社

《中国南极科学考察》编委会. 1985. 中国南极科学考察. 北京: 中国海洋出版社

中国土壤学会. 2005. 中国土壤学会 60 年(1945—2005). 南京: 河海大学出版社

朱鹤健. 1985. 世界土壤地理. 北京: 高等教育出版社

B. A. 柯夫达. 1981. 土壤学原理(上、下册). 陆宝树，周礼恺，吴珊眉，等，译. 北京: 科学出版社

Crutzen P J, Stoermer E F. 2004. The Anthropocen. IGBP Newspetter, 41: 17-18

Gong Z T, Darilek J L, Wang Z G, et al. 2010. American soil scientists' contributions to Chinese pedology in the 20th century. Chinese Journal of Soil Science

Krupenikov I A. 1992. History of soil science. New Delhi, India: Paul's Press

Jenny H. 1941. Factors of soil Formation. New York: Mc Graw-Hill Book Company

Mattson S. 1938. The constitution of the pedosphere. Annals of the Agricultural College of Sweden, 5: 261-276

Molloy L. 1988. The Living Mantle, Soil in the New Zealand Landscape. Wellington: Mallinson Rendel Publishers Ltd.

Orgiazzi A, Bardgett R D, Barrios E, et al. 2016. Global Soil Biodiversity Atlas. Luxembourg: Publications Office of the European Union

Sposito G, Reginato R J. 1992. Opportunities in basic soil science research. Soil Science Society of America Inc: 5-6

Sposito G, Reginato R J. 1995. 基础土壤科学研究的契机. 陈杰，骆国保,等，译. 北京: 中国农业科学技术出版社

White M E. 1997. Listen — Our Land is Crying. Sydney: Kangaroo Press

Докучаев В В. 1883. Русский чернозем. С. Петербургъ, 1-640

Росликова В И, Горнова М И. 2003. ПОЧВА-НАДЕЖНЫЙ ДОМ ЖИВЫХ СУЩЕСТВ (土壤——可靠的生物之家). Владивосток-Хабаровск

Фридланд В М. 1965. О структуре (строение) почвенного покрова. Почвоведение, No.4

Волобуев В Р. 1956. Климатнческие условия и. почвы. Почвовсдснис, No.4